"十三五"国家重点研发计划"装配式混凝土工业化建筑施工关键技术研究与示范"（2016YFC0701700）资助

扩底类预埋吊件承载力有限元分析

孟宪宏　赵广军　高　迪　著

中国建筑工业出版社

图书在版编目（CIP）数据

扩底类预埋吊件承载力有限元分析／孟宪宏，赵广军，高迪著.
北京：中国建筑工业出版社，2018.10
ISBN 978-7-112-23015-0

Ⅰ.①扩… Ⅱ.①孟…②赵…③高… Ⅲ.①混凝土结构-
预埋件-承载力-有限元分析-研究 Ⅳ.① TU528 ② TU755

中国版本图书馆 CIP 数据核字（2018）第 270823 号

　　混凝土预制构件生产、吊装过程中离不开预埋吊件，目前工程应用中的预埋吊件
种类繁多，传力途径和受力特点也不尽相同，国内也没有相关标准用来规范预埋吊件
的设计、施工、检测等过程。预埋吊件在使用过程中，通常会遇到复杂边界条件，比
如边距效应导致承载力受到折减。由于边距对预埋吊件承载力影响较为复杂，全部采
用试验研究，需要耗费大量的人力、物力，可行性不强、必要性不足。因此，有必要
基于有限元分析软件，研究边距对预埋吊件承载力的影响趋势。

　　本书内容共 5 章，包括：第 1 章绪论，第 2 章扩底类预埋吊件基本工作原理，第 3
章有限元分析研究，第 4 章锥体破坏承载力计算研究，第 5 章结论与展望。

　　本书可供预埋吊件研究人员及科研院校借鉴使用。

责任编辑：王华月　范业庶
责任校对：王　瑞

扩底类预埋吊件承载力有限元分析
孟宪宏　赵广军　高　迪　著

*

中国建筑工业出版社出版、发行（北京海淀三里河路9号）
各地新华书店、建筑书店经销
北京建筑工业印刷厂制版
北京圣夫亚美印刷有限公司印刷

*

开本：787×960毫米　1/16　印张：5¼　字数：100千字
2018年12月第一版　　2018年12月第一次印刷
定价：**29.00元**
ISBN 978-7-112-23015-0
（33078）

版权所有　翻印必究
如有印装质量问题，可寄本社退换
（邮政编码 100037）

前　　言

　　混凝土预制构件生产、吊装过程中离不开预埋吊件，目前工程应用中的预埋吊件种类繁多，传力途径和受力特点也不尽相同，国内也没有相关标准用来规范预埋吊件的设计、施工、检测等过程。预埋吊件在使用过程中，通常会遇到复杂边界条件，比如边距效应导致承载力受到折减。由于边距对预埋吊件承载力影响较为复杂，全部采用试验研究，需要耗费大量的人力、物力，可行性不强、必要性不足。因此，有必要基于有限元分析软件，研究边距对预埋吊件承载力的影响趋势。本书的主要研究工作如下：

　　根据预埋吊件受力特点将其分为扩底类、钢筋焊接类、其他扁钢类，本书重点研究扩底类预埋吊件受边距影响下的承载力变化趋势。整理国内规范《混凝土结构后锚固技术规程》JGJ 145—2013、美国规范《ACI318》、英国规范《CEN/TR 15728》中受拉、受剪破坏模式分类及其承载力计算公式，并比较其异同。

　　为了验证有限元分析的可行性，模拟前期试验研究中的三个不同埋深的扩底类预埋吊件拉拔试验，相对误差稳定在 9% 以内。说明可以用有限元模拟来研究扩底类预埋吊件承载力的相关问题。借助 ABAQUS 有限元分析软件建立了混凝土强度等级为 C20、C30、C40 的三个模型组，每个模型组包括 6 个模型，边距从 100mm 增至 150mm。结果表明，三个模型组均发生混凝土锥体破坏，抗拉承载力随边距的增大而增大，当边距增至 140mm，承载力趋于稳定，与国内外规范中规定的临界边距为 1.5 倍有效埋深保持一致。

　　为了研究边距对扩底类预埋吊件抗剪承载力的影响趋势，同样建立三个模型组，边距从 70mm 增至 120mm，模型均发生混凝土楔形体破坏，随着边距增大，抗剪承载力随之增大，与国内外规范计算得到的边距-承载力发展趋势一致。当边距保持不变时，有限元分析结果低于按《ACI318》推荐公式计算的承载力，高于《混凝土结构后锚固技术规程》JGJ 145—2013 中的推荐公式计算结果。

　　本书以 M 企业生产的两个系列共计 3 种扩底类预埋吊件为例，比较产品承载力与国内外规范推荐公式计算值，以此来分析各规范在计算锥体破坏承载力时的安全程度。结果表明，对于同一个产品，国内外规范计算值安全度不同，存在试验平均值与现行规范设计值的比值小于该规范规定的安全系数的现象。

　　本书的创新之处在于：国内外规范中混凝土锥体破坏的承载力计算公式大

多采用混凝土抗压强度相关参数，导致混凝土强度较高时存在计算值偏高的情况。锥体破坏的原因是锥面上混凝土达到抗拉极限，可将规范计算公式中的混凝土抗压强度参数改为混凝土抗拉强度标准值。此外，通过对锥体破坏进行受力分析，以锥体破坏面为研究对象，推导锥体破坏的承载力计算公式，结果表明，推导公式结算结果与英国规范《CEN/TR 15728》接近，临界边距同样为1.5倍有效埋深。

本书的研究工作是在戴承良、张卢雪、谷立、郭玮、毕佳男、夏程、王亚楠等研究生以及沈阳建筑大学结构实验室技术人员的参与下完成的，在此对他们所做的贡献表示衷心的感谢。

感谢沈阳建筑大学土木工程学院周静海教授对本书的支持。

感谢中国建筑科学研究院王晓锋研究员对本书的支持。

本书由"十三五"国家重点研发计划"装配式混凝土工业化建筑高效施工关键技术研究与示范"（2016YFC0701700）资助。

目　　录

第1章 绪 论

1.1 研究背景

装配式建筑在 20 世纪初就开始引起人们的兴趣,英国、法国、苏联等国首先作了尝试,到 20 世纪 60 年代终于实现。由于装配式建筑的建造速度快,生产成本较低,故其迅速在世界各地推广开来。

建筑行业是我国的经济支柱产业,2015 年住房和城乡建设部最新统计资料显示,建筑行业已经不止包括传统住房和公用设施的建造,已经带动了建筑材料、环境优化、配套设备等方面的快速发展。但是持续高速发展的建筑行业也面临着诸多问题,主要是资源短缺、环境污染、劳动力不足 [1-3]。

首先,各地建筑行业快速发展的背后是不断地开挖当地砂、石等建筑材料,这些不可再生资源逐年减少,伴随物价上涨,建材成本也逐年提高。此外,个别地区已经出现无砂可挖、无石可采的现象,建筑材料需要从周围地区输送至施工现场,提高了工程成本。其次,工程项目施工不仅开挖当地砂石,建材进场、施工设备运转等因素使施工现场及其周围区域饱受粉尘以及噪声危害,传统施工中的混凝土拌和现场更是尘土飞扬,对周围环境造成严重的污染。最后,随着社会的进步和人口文化素质的提高,从事建筑行业重体力工作的工人逐年减少,导致人工成本提高,劳动力开始显得捉襟见肘,不能满足传统的混凝土现场浇筑施工进度要求 [4-5]。

装配式混凝土结构是在工厂预制构件、现场拼装连接而成的建筑,可以有效减少材料浪费、改善环境污染、减少劳动力成本。相同气候条件下,我国的建筑能耗是发达国家的 3 倍,每立方米混凝土多用水泥 80kg,同时建筑用能气体排放量已达国内温室气体总排量的 1/4,国外先进的工程经验告诉我们,经营建筑工业化的可持续发展路线,可以有效改善建筑行业耗能高、排放高、污染重的现状 [6-7]。

综上所述,传统混凝土现浇施工技术的短板不符合我国可持续发展的战略要求,同时促使了装配式建筑结构的发展。随着现代工业技术的发展,建造房屋可以像机器生产那样,成批成套地制造,只需把预制好的结构构件,运至施工现场装配完成即可。

目前，国家政策逐渐向代表建筑产业化的装配式建筑侧重，党的十八大报告提出坚定不移地走新型工业化道路，《国家新型城镇规划（2014-2020 年）》已明确提出"强力推进建筑工业化"，《2014-2015 年节能减排低碳发展行的方案》（国办发 [2014] 23 号）明确提出"以住宅为重点，以建筑工业化为核心，加大对建筑部品生产的扶持力度，推进建筑产业现代化"。此外，行业政策也向建筑工业化倾斜。《建筑业发展"十二五"规划》（建市 [2011] 90 号）中提出"积极推动建筑工业化"、"提高建筑构配件的工业化制造水平；鼓励建设工程制造、装配式技术发展"。《关于推荐建筑业发展和改革的若干意见》（建市 [2014] 92 号）明确提出了深化建筑业改革，要把"加快促进建筑产业现代化"作为转变行业发展方式的首要目标。《工程质量治理两年行动方案》（建市 [2014] 130 号）中提出从加强政策引导、实施技术推动、强化监管保障三个方面大力推动建筑产业现代化发展。

装配式建筑的设计、施工技术已经日益完善，国内外已经颁发了一系列包括抗震设计、规范化施工、质量验收等相关标准，这些举措旨在使装配式建筑在实现节能发展的同时，使自身结构更加安全，承载力指标可以满足量化评定的要求。

预制构件是装配式建筑的基本组成单元 [8]，由结构拆分设计后在工厂制成，除了不断改良构件自身的制作工艺，进而提高工程质量，预制构件在运输和吊装就位过程中的安全问题也逐渐受到人们的关注。预制构件的吊运离不开起吊设备和吊具，为了防止构件在吊运过程中发生裂缝开展、预制构件破坏等现象发生，国外的学者在 21 世纪初期已经着眼于混凝土预制构件的起吊研究，并且成功应用于预制构件的吊运工程。

预埋吊件 [9] 是指在混凝土浇筑成型前埋入预制构件内用于吊装连接的金属件，传统形式为吊钩或吊环。在性质和作用上区别于植筋、锚栓，设计和制作时主要考虑预制构件在吊运过程中的连接安全稳定，避免出现构件高空坠落、构件起吊破坏、吊装裂缝等情况，在实际工程应用中，预埋吊件通常表现为抗拉、抗剪、拉剪组合三种受力状态。

传统的预埋吊件是用钢筋制成的吊环，浇筑混凝土前固定于设计位置，待混凝土达到起吊强度即可用于构件吊运的连接，吊装就位后，用角磨机或者砂轮切除吊环外露部分，但是切口处的钢筋无疑会影响构件的外观和使用期间的耐久性能。

《装配式混凝土结构技术规程》JGJ 1—2014 规定 [10]：制作吊环的，钢筋应采用 HRB335 级钢筋，在构件的自重标准值作用下，每个吊环按 2 个截面计算的吊环应力不应大于 65N/mm²，当在一个构件上设有 4 个吊环时，设计时应取 3 个吊环进行计算。吊环锚入混凝土的长度不应小于 30 倍吊环直径，并应焊接或绑扎在钢筋骨架上。采用吊环进行预制构件的吊装，在一定程度上浪费了钢材，使用后需要切割，工序复杂，因此，吊环逐渐被建筑行业所淘汰[11]。继吊环之后，国内开始出现专用的预埋吊件及配套设备，常见为内埋式螺母，如图 1-1 所示，螺母下端设置钢筋爪勾住钢筋笼中的主筋，主要用于梁、板等截面高度较小的构件。

图 1-1 内埋式螺母

Fig1.1 Embedded nut

此外，我国建材行业引入了欧美等国预埋吊件的生产和施工技术，国内众多的生产厂家对于产品有着各自的产品标准，其明文规定的预埋吊件产品名义荷载值定义模糊，没有一个准确的判定标准，或者安全系数不足，为预制构件的吊装施工埋入了隐患。针对这一现象，笔者调研了国内主要的预埋吊件生产厂家，总结原因如下：

（1）目前国内的专用预埋吊件生产厂家，其选材、设计、检验技术大多引用或模仿国外厂家，因此习惯性地采用外企推荐的产品技术标准，包括提供给使用方的安全荷载值，缺乏指导性、专业性的产品说明。

（2）各国的建筑施工标准中对于安全系数的要求不统一，同一预埋吊件在国外规范下的安全荷载值可能不符合我国的施工规范要求。同时，国内外规范的单位不统一，因此不能直接将国外名义荷载值用于国内预制构件吊运时的起吊控制荷载。

（3）国内各预埋吊件生产厂家的检验标准不统一，导致预埋吊件进场时几乎没有相关的性能检验标准和措施，更多的是凭借经验，观察有无外观上的缺陷以及尺寸是否满足设计要求。

预埋吊件唯一的作用就是确保预制构件在吊运过程中的安全就位，确保预制构件不发生破坏。因此，预埋吊件对于装配式建筑施工有着重要意义，直接关系到工程施工质量和安全。装配式建筑理念起源于 20 世纪初,直到 20 世纪中叶,英国、法国、苏联等国逐渐开始尝试。起初的装配式建筑比较呆板、形式单一,发展到现在,其结构形式、构件拆分以及设计验算都非常灵活,同时,装配式建筑可以节约大量人力、物力,降低施工成本[12]。

目前,关于预埋吊件的设计、施工等控制和要求,仅仅只有欧洲规范《ETAG》附录 A、附录 C 和美国规范《ACI318》中给出了相关说明和控制条件。国内使用的预埋吊件,通常根据生产厂家提供的产品质量标准中名义荷载值作为预埋吊件的控制荷载,没有相关的权威标准和统一执行的规范要求,为装配式混凝土建筑结构在我国的发展埋入了隐患。

预埋吊件产品标准中的相关问题:

(1)产品手册中大多只给出了预埋吊件的承载力,或者只有该型号预埋吊件用于不同预制构件起吊时的最小边距、间距、构件厚度和宽度、起吊倾斜角度。并没有明确给出承载力在边距、间距、构件尺寸等影响因素作用下的折减系数,即承载力折减程度不能实现量化。然而,在实际工程应用中,边距、间距等因素的影响是不可避免的,承载力折减系数不明确,很容易导致吊装安全事故。

(2)产品手册通常只提供推荐边界条件,以及某几个混凝土强度等级下的预埋吊件抗拉承载力,并没有关于抗剪承载力的具体数据,但是预制构件在生产、吊运过程中通常会出现预埋吊件受剪的工况,比如柱子翻身起吊、斜向吊索产生的拉剪耦合作用等。没有具体的抗剪承载力数据,在工程应用中不可避免地出现吊运承载力盲点,埋下安全隐患。

合理的吊点可以避免预制构件在吊运过程中出现裂缝或者与预埋吊件脱离,这就涉及预埋吊件在混凝土中的边距和埋深需要通过严谨的设计才能确定。但是国内工程中现用的预埋吊件,通常认为将产品名义荷载值作为起吊的控制荷载,甚至依靠工程经验盲目确定起吊荷载,对预埋吊件在混凝土基材中的埋深和边距考虑较少。然而在实际工程应用中,预埋吊件的受力状态通常并非理想状态,即预埋吊件的边距、间距、有效埋深、试件净厚度等因素会对其抗拉承载力产生削弱,而预埋吊件生产厂家提供的产品说明书中的安全荷载几乎没有规定这些影响因素对承载力的折减系数。

1.2 目的和意义

目前,国内的预埋吊件生产技术通常引自国外,质量控制标准、参数单位、安全系数均依照国外规范和标准设定。因此,生产厂家提供的名义荷载往往取自国外的规范标准，国外标准使用的参数往往与国内要求不同，如混凝土强度等级的定义、试件尺寸和保证率与国内均不一致。此外，这些名义荷载是由国外通过大量的试验数据进行分析得到的，是在理想状态下的承载力，而企业提供的承载力数据很多都没有经过严格测试，计算方法也很粗糙，通常仅验算单个锚栓承载力、忽略边间距等折减因素的情况。然而，预埋吊件在实际工程应用中往往受到诸如边距、间距、构件尺寸、混凝土强度、配筋等影响因素作用，其承载力势必会有所折减，但是生产厂家大多没有给出折减系数。造成预埋吊件在使用中存在了潜在危险，国内已发生了多起吊装事故。如图 1-2 所示，某构件厂起吊构件，混凝土发生劈裂破坏，预埋吊件在起吊过程中被拔出，没有造成人员伤亡，实属万幸。

图 1-2 预埋吊件拔出
Fig1.2 Insert pull-out

课题组前期试验研究结果表明，在有边距影响的条件下，试件均发生混凝土锥体破坏，并且存在预埋吊件抗拉承载力试验值小于生产厂家提供的安全荷载的工况，即在实际工程应用中应该考虑边距效应对抗拉承载力的折减。

但是，试验研究需要消耗大量的人力、物力、时间，而影响预埋吊件抗拉承载力的因素很多，比如边距、间距、混凝土强度、埋置深度、构件净厚度等。此外，预埋吊件的种类繁多，如果完全依靠试验得出这些因素对预埋吊件抗拉、抗剪承载力的影响趋势，可行性不强，必要性不足。

有限元分析软件常用于求解连续场问题中微分方程的近似解，是一种数值分析软件。其优点在于可以重复建立、调整模型，可操作性优于试验研究，可以得到理想状态下，各因素对预埋吊件承载力的影响趋势，以及各因素临界值的合理范围，用于指导进一步的试验研究。因此，在进行试验研究之前，有必要基于有限元分析软件，研究各因素对承载力的影响变化情况。

1.3 研究现状

目前，国内外的学者对锚栓和植筋的设计、施工的研究已经取得了可观的成果，而对于预埋吊件的研究较少，国内还处于起步阶段。考虑到锚栓、植筋和预埋吊件的工作原理、传力途径相似，均涉及钢构件与混凝土的连接，并且预埋吊件用于预制构件的吊装，也属于锚固技术的范畴。因此，在研究初期，有必要借鉴锚栓和植筋的研究成果，参考研究方法和既有结论，为预埋吊件相关研究做铺垫。此外，欧美对预埋吊件的研究及应用均早于我国，并且已有多部现行规范对预埋吊件的外荷载、承载力计算、破坏模式分类等问题做出了规定，对国内预埋吊件的应用研究具有一定的指导意义。

1.3.1 国内研究现状

由于锚栓、植筋、预埋件的受力特点和传力途径和预埋吊件相近，并且国内外专家已对其进行多角度研究[15-18]，建立了完善的研究体系。因此可以参考已有的锚栓、植筋、预埋件研究方法、成果，总结规律进一步指导预埋吊件的相关研究。

《混凝土结构后锚固技术规程》JGJ 145—2013[13]是国内关于锚栓应用的规范，提出了锚栓的分类、破坏模式、承载力设计方法、施工控制要点和验收标准等规定。此外，明确锚固连接的破坏控制准则，对受拉、边缘受剪、拉剪组合的结构构件及生命线工程非结构构件的锚固连接，应控制为锚栓或植筋钢材破坏，不应控制为混凝土基材破坏；对于膨胀型锚栓及扩孔型锚栓锚固连接，不应发生整体拔出破坏，不宜产生锚杆穿出破坏；对于满足锚固深度要求的化学植筋及长螺杆，不应产生混凝土基材破坏及拔出破坏，包括沿胶筋界面破坏和胶混界面破坏。

影响锚栓承载力的影响因素较多，华中科技大学的周萌、赵挺生[19]对化学锚栓的单锚、群锚进行了拉拔试验和有限元计算分析，总结锚栓受拉时的破坏模式、极限荷载，并依照规范进行的计算的结果进行对比。研究发现随着基材混凝土厚度的提高，锚栓抗拉承载力呈增长趋势，但是当厚度达到一定程度后，锚栓抗拉承载力则趋于平稳。国内外规范或者产品标准中规定的承载力计算方法都是针对每一种破坏类型的，只有锚栓拉断破坏模式的计算方法形成一致，其他破坏类型承载力计算方法各有不同。此外，采用 ANASY 有限元分析软件模拟化学锚栓受拉试验的计算结果与试验误差在10%左右，说明了有限元分析的可行性。

潘永强对化学植筋进行了抗拉试验研究[20]，主要包括植筋的深度、间距、直径等参数对植筋构件力学性能的影响，分别对 36 组共 108 根植筋进行的精力拉拔试验表明，锚固深度小于 15d 时，随着植筋锚固深度的增加，抗拉承载力呈线性增长，破坏主要表现为混合破坏模式，即植筋预埋端发生混凝土锥体破坏，外露段胶体破坏，锚固深度大于 15d 时，抗拉承载力达到峰值。当植筋间距大于等于 8d 时，各植筋独立受力，即锚固区混凝土未相互重叠，受拉破坏荷载可以按照单根直径抗拉承载力取值；当间距小于 8d 时，间距越小，植筋相互作用越大，群锚植筋的承载力将会降低，刚度变小。

如上所述，国内学者对锚栓、植筋的承载力及其影响因素的研究[21-24]已经取得了长足的发展，但是关于预埋吊件的相关研究，国内研究起步较晚，目前只有沈阳建筑大学的孙圳[25]进行了不同类型的预埋吊件在有边距作用、无边距作用下的试验研究和相关有限元分析。研究结果表明，在无边距作用下，钢筋焊接类预埋吊件均发生拉断破坏，扩底类预埋吊件发生锥体破坏。此外，有边距影响试验得到极限抗拉承载力高于企业提供的该预埋吊件产品承载力和国内外相关规范计算结果。

1.3.2 国外研究现状

锚固技术起源于欧美，目前都有完善的锚栓产品标准。欧洲的锚栓产品标准为《混凝土用金属锚栓》ETAG 001[26-28]，该标准由（EOTA）颁布，包含 6 个部分和 3 个附件。同时，欧洲技术认证组织还颁布了一系列技术报告（Technical Report）作为其支持文件。ETAG 001 和相关的技术报告也是欧洲技术认证（ETA）依据的标准。

美国的锚栓产品标准由美国混凝土协会（ACI）或者美国国际规范协会（ICC）颁布，二者的标准是一致的。美国混凝土协会的标准为《混凝土用后置机械锚栓的判定》ACI 355.2 和《混凝土用后置粘结锚栓判定的检验标准》ACI 355.4[29]。美国国际规范协会的标准为《混凝土用后置粘结锚栓的检验标准》AC308[30] 和《混凝土用机械锚栓的检验标准》AC193[31]。AC193 和 AC308 也是国际规范协会评估认证（ICC-ES）依据的标准。欧洲规范 ETAG001 和美国规范 ACI318 中都提出了单个锚栓的抗剪、抗拉承载力的计算公式，以及边距、埋深等影响因素的修正，同时规定预埋和后锚固两种锚固技术的承载力计算公式要考虑不同的参数值。

国外在 20 世纪就开展了关于锚栓、植筋的承载力以及影响因素作用机理的相关研究，并且已经取得了丰富的研究成果[32-37]。

1991 年，Tamon Ueda[38] 选取素混凝土作为基材，得出了群锚受剪结果：后锚固系统大多发生基材混凝土锥体破坏，锚固系统抗剪承载力与边距、间距呈正比，临界间距为 $3h_{ef}$（h_{ef} 为锚固深度），即间距小于 $3h_{ef}$ 时，两锚栓的锚固区将出现重叠部分，当间距大于 $8h_{ef}$ 时，相邻锚栓不会产生任何影响，承载力也不再增加。2006 年，Eligehausen[39] 进行了单个锚栓的抗剪试验研究，根据锚栓破坏状态得出了锚栓受剪时的荷载-位移曲线，研究表明当锚栓钢材发生剪断破坏时，试件共经历了摩擦传力、锚半滑移、混凝土局部压碎和钢材破坏四个阶段。2010年，加拿大的 Nam Ho Lee[40] 等人对扩底型锚栓在混凝土中的抗剪切性能进行了试验研究，通过试验结果推测大直径大锚固深度锚栓的抗剪切性能，并为大直径锚栓在设计时提供了有价值的参数。

由于预埋吊件在国外的应用、研究均早于我国 [41-43]，目前美国、英国、德国均已根据本国内预埋吊件的使用现状颁发了一系列的技术标准或者手册。

2008 年，英国出台规范《Design and Use of Inserts for Lifting an Handling of Precast Concrete—Elements》[44]，按照预埋吊件的受力特点、传力途径、使用范围等因素将其分类，并规定了扩展角、模板粘结力、动载系数的取值。此外，该规范还提出了预埋吊件使用过程中的设计准则、分项系数等，以及吊装常规构件，如墙板、线型构件等具体要求。

德国是装配式建筑发展最为迅速的国家之一，预制构件的生产、存放、运输、吊装工艺也处于行业内的前沿。2012 年，德国颁布了《Lifting Auchorand Lifting Anchor Systems for concrete components》[45]，是国外少有的针对预制构件吊装的规范，包括预制构件的配套吊具、吊点位置、预埋吊件的相关参数以及外荷载计算方法等，但是未直接给出预埋吊件承载力的计算公式。德国的 G. Periškić，J. Ožbolt & R. Eligehausen，基于 MASA 有限元分析软件研究了大埋深扩底类预埋吊件的扩底端直径对锥体破坏承载力影响 [46]，并将计算结果与试验结果、按 ETAG CC 和 ACI-349 规范中推荐公式的计算结果对比。研究发现，当扩底端直径较小时，有限元分析结果与 ETAG CC 计算结果接近，扩底端直径的增大有利于提高锥体破坏承载力，但是影响较小。此外，开展了小边距和大埋深共同作用下，扩底类预埋吊件受拉破坏和承载力相关研究 [47]，结果表明，小边距作用下所有模型均发生混凝土侧向破坏，与试验现象和结果一致。同时研究了混凝土的材料参数如抗拉强度、抗压强度、弹性模量、剪切模量对扩底类预埋吊件抗拉、抗剪承载力的影响。

预埋吊件生产厂家德国哈芬集团 Langenfeld-Richrath[48]，梳理欧洲预埋吊件的相关规范，阐述各种规范的适用范围及解决的问题 [49-51]。比如，

CEN/TR 15728 中只规定了预埋吊件在指定工况下的承载力，没有规定这些工况下的破坏模式和安全系数。BGR106 考虑了预埋吊件在吊装过程中的构件自重、扩展角、模板粘附力等折减影响，极限承载力需要通过拔出破坏试验检测得出，安全系数根据设计方案确定。

1.4 研究内容

（1）借鉴现有研究现状

考虑到锚栓和预埋吊件的受力状态、工作原理相似，并且国内外关于预埋吊件的研究较少，因此借鉴锚栓已有的研究成果。总结影响锚栓承载力的因素、抗拉和抗剪破坏形态，钢筋与混凝土的锚固研究、界面处理等。借鉴国外有关预埋吊件的相关规范，研究扩底类预埋吊件的工作机理、荷载传递、承载力影响因素等。

（2）预埋吊件承载力理论计算

阐述预埋吊件的基本工作原理、基本参数和影响因素，根据预埋吊件的传力途径不同对其进行分类。提出影响预埋吊件承载力的因素和作用机理，根据《混凝土结构后锚固技术规程》JGJ 145—2013、《ACI318》附录 D 中关于混凝土现浇部分的锚固承载力计算公式，得出预埋吊件承载力的理论计算值。

（3）有限元分析

基于 ABAQUS 软件建立仿真模型，与前期试验研究的结果对比，以此验证有限元分析的可行性和合理性。设置边距呈梯度变化的多组模型，通过施加位移荷载，以混凝土和预埋吊件材质强度参数为模型破坏控制标准，得到扩底类预埋吊件的抗拉、抗剪承载力的模拟值，得到边距、净厚度对预埋吊件承载力的影响趋势，以及临界边距、临界净厚度的取值范围。将有限元分析结果与国内外规范计算值对比，观察边距对承载力影响趋势是否一致，分析边距效应对承载力的折减影响。

（4）锥体破坏承载力研究

以 M 企业生产的 2 个系列共计三种扩底类预埋吊件为例，通过对比产品承载力与国内外规范计算值的比值，研究国内外规范再计算锥体破坏承载力时的适用性。为了解决国内外规范计算高强度混凝土下承载力偏高的问题，对英国规范锥体破坏承载力基准值计算公式进行改进，同时根据锥体受力分析和基本假定，推导出适用于计算预埋系统锥体破坏承载力的理论计算公式。

第2章 扩底类预埋吊件基本工作原理

2.1 概述

随着我国装配式建筑结构的普及和预制构件生产工艺的发展，人们对预制构件吊运安装的技术要求逐渐提高。预埋吊件的种类繁多，按照构造形式可以分为扩底类、钢筋焊接类、其他扁钢类，本书重点研究承载力较大的扩底类预埋吊件。

（1）传力途径

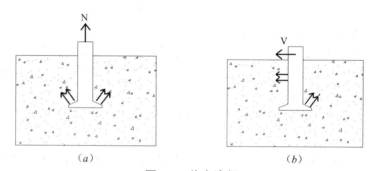

图 2-1 传力途径

Fig2.1 Force transmission route

扩底类预埋吊件在受到拉力荷载作用后，沿预埋吊件轴向将拉力荷载集中传递给底部扩大端，进而传递给整个预制构件。预埋吊件的表面往往涂有镀锌防锈层，导致与基材混凝土的粘结力较小，抗拉承载力主要依靠基材混凝土对预埋吊件的机械锁键，即扩大端周围混凝土对预埋吊件起到约束作用，防止预埋吊件被拔出，如图 2-1（a）所示。

当扩底类预埋吊件受到剪力作用时，同样受到基材混凝土的约束作用，如图 2-1（b）所示。预埋在剪力作用下，与剪力方向相同的一侧预埋区混凝土对预埋吊件产生一个压力，也相当于一个支点，进而将荷载传递给预埋吊件底部扩大端与剪力方向相反的基材混凝土。

（2）破坏判断标准

吊装破坏属于脆性破坏，破坏判断标准不易确定，在实际工程应用中，预埋吊件的进场也很难实现现场检测，因此有必要进行破坏判断标准的理论研究，有利于准确确定预埋吊件承载力。

试验研究和有限元分析是两种最常见的理论研究方式，其中对结果进行分析通常考虑加载后的材料变形情况，但是预埋吊件或者基材的破坏都属于脆性破坏，不能宏观研究材料变形，而应该研究预埋吊件和基材混凝土的应力、应变变化趋势。

对于预埋吊件，钢材破坏与自身钢质材料属性有关。对于基材混凝土，由于混凝土逐渐受到预埋吊件传递的荷载，预埋区混凝土峰值应力随加载呈波状变化，而峰值应力却随着加载的进行，呈持续增大趋势，因此基材混凝土的破坏应以混凝土达到开裂应变为控制标准，这也与预制构件在吊装过程中，混凝土始终处于弹性工作阶段的要求相符。由于混凝土属于脆性材料，开裂过程中几乎没有塑性阶段，因此混凝土开裂应变取《混凝土结构设计规范》GB 50010—2010 中规定的极限拉应变 0.0001。

（1）受拉破坏

预埋吊件受拉时，荷载沿轴向传递给扩底端，导致底部荷载的轴向力最大，混凝土锥体破坏的前兆是预埋吊件扩底端底面与混凝土的接触界面脱开，因此该界面混凝土达到混凝土开裂应变即发生锥体破坏，预埋吊件局部应力达到屈服强度即发生拉断破坏。

（2）受剪破坏

预埋吊件受剪时，预埋区混凝土以预埋吊件为分界线，顺剪力一侧局部受压，逆剪力一侧受拉，因此以拉压分界线处附近的拉应变为控制标准，超过开裂应变即发生楔形体破坏，受压区混凝土达到极限压应力即发生翘碎破坏，预埋吊件应力达到屈服强度即发生剪断破坏。

（3）扩底类预埋吊件的特点

目前，扩底类预埋吊件是用于预制构件吊装锚固系统最常见的构造形式之一，相比其他种类的预埋吊件，扩底类有以下几个优点。

（1）传力稳定

扩底类预埋吊件在受荷以后，通过预埋吊件将荷载逐渐传递给底部扩大端，由扩底端周围混凝土对其的约束作用提供抗力，荷载集中于底部传递给基材混凝土，并且扩底构造增大了扩散范围，无形中增大了预埋区面积，进一步提高预埋吊件的承载力。

（2）适用性强

扩底类预埋吊件承载力高，可以应用于多种复杂边界条件，例如薄墙、薄板起吊。配合专用吊具或者基材内部预埋斜向加固筋，还可用于纯剪、拉剪起吊。

（3）承载力高

与钢筋焊接类和扁钢类预埋吊件不同，扩底类预埋吊件与混凝土的传力方式是两者之间的相互约束力，当基材配筋时，也可以将预埋吊件的扩底端与钢筋骨架相连，进一步提高承载力。

（4）刚度大

扩底类预埋吊件自身刚度大，埋入混凝土后在受荷期间不宜产生塑性变形，可以稳定地将荷载传递给基材混凝土，并与其结合成为一个整体，共同受力。

由于预埋吊件是在混凝土浇筑之前就埋入固定的，因此相对于后锚固系统，其传力途径、受力方式以及承载力计算方法均不相同。然而，目前国内规范只涉及后锚固系统，没有明确针对预埋入混凝土中的锚固系统承载力计算方法和复杂边界条件、构件尺寸下的承载力折减系数。所以，有必要梳理预埋吊件的基本工作原理，包括承载力影响因素、应力分布、破坏模式等。

2.2 常见预埋吊件及分类

2.2.1 常见预埋吊件

目前，国内使用的预埋吊件种类繁多，构造形式和使用功能各不相同，起吊重量从 1t 至 50t 不等，用途也各有不同，笔者列举了以下国内常用的预埋吊件。

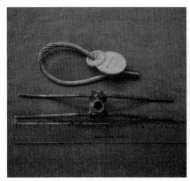

图 2-2　平板提升管件　　图 2-3　螺纹钢弯曲锚栓图　　图 2-4　双头锚栓
Fig2.2　Flat steel anchor　　Fig2.3　Curved screw anchor　　Fig2.4　Lifting stud

如图 2-2 所示，平板提升管件是针对厚度较小的预制构件，通过平板两翼的焊接钢筋与混凝土的粘结力，逐渐将荷载传递给预制构件。如图 2-3 所示，螺纹钢弯曲锚栓的埋入端底部呈现弯曲形状，加大了与混凝土之间的接触面积和握裹力。双头锚栓是一种预埋在混凝土中与双头锚栓吊具进行连接的预埋件，如图 2-4 所示。在浇筑过程中需要将其安装在圆形橡胶模中，混凝土浇筑完成后拆掉橡胶模，此时头部露出与吊具进行装配使用，来提升混凝土结构构件。通常用于起吊楼板，承载力从 1t 至 10t 不等。

图 2-5 套筒吊钉	图 2-6 扁钢吊钉	图 2-7 圆锥头吊装锚栓
Fig2.5 Sleeve hanging nail	Fig2.6 Flat steel hanging nail	Fig2.7 Tapered head lifting anchor

如图 2-5 所示，套筒吊钉栓由圆形的钢筋吊钉腿和内螺纹套筒组成，将吊装设备，如带螺纹的环锁拧入套筒，即可进行吊装运输。其承载能力最高扩展至 25t。套筒有一个螺旋式螺帽，以防止灰尘进入。经过优化尺寸，套筒吊钉体型非常纤细，特别适用于预制薄壁组件。与 HD 吊装器或翻转吊装器配合使用，或者拧入 DEHA HD 适配器，通过通用吊具可在几秒内吊装和运输构件，为使用者提供了非常高的便利性。

如图 2-6 所示，扁钢吊钉的起吊需要和环状吊头配合使用，吊钉由特殊质量的扁钢制成。吊钉底部开叉，与混凝土的接触面积较大，因此有较好的粘结力，同时，空间叉形结构也为扁钢吊钉提供了较大的机械咬合力。此外，吊钉头部有一个孔，环状吊头可通过孔与吊钉连接，连接处可以满足 360° 旋转、倾斜，各方向受力性能相同，即适用于任何方向的承载力，此吊装系统的主要特点是预埋在薄壁中的吊钉在倾斜起吊时不会造成薄壁的破坏。

如图 2-7 所示，圆锥头吊装锚栓与可拆除的拆模器一起浇筑到混凝土中，并且可以承受来自各个方向的荷载。锚栓承载力最高可达 45t。万向吊头可快速简单地连接到锚栓，用于吊装和运输。圆锥头吊钉由特殊钢材制成，吊钉头部铸造成配套的通用吊具适合的形状，搭配不同类型配件，可吊装各种预制构件。吊钉上通常清晰的标有制造商标示，以及产品型号，荷载等级，吊钉长度等参数。将通用吊具插入拆模器，吊钉插入通用吊具。短短几秒内就可将吊具与吊钉连接，并可沿各个方向吊装。如需释放荷载，只需旋转吊具舌部，即可快速移除通用吊具，具有安全、快速、高效的特点。

以上是目前工程应用较多的预埋吊件，避免吊装时出现脱钩、连接失效等问题，现在的预埋吊件与吊索、吊钩之间均有环状锚头连接，锚头与预埋吊件螺纹连接，覆盖垫圈后防止混凝土、潮气进入。封闭型环状吊头也可以保证与吊索可靠连接，并且满足连接处的翻转、倾斜，便于吊运。

2.2.2 分类

预埋吊件的种类繁多，其构造形式和使用功能各不相同，因此为便于研究，有必要对国内常用的预埋吊件进行分类研究，通过调研国内预埋吊件和预制构件的多个生产厂家，笔者根据传力途径将预埋吊件分为三类：扩底类、异形钢筋类、其他扁钢类。

扩底类，顾名思义，预埋吊件的底部扩大后，埋入混凝土预制构件中。传力途径为：沿预埋吊件轴向将起吊荷载传递至预埋吊件底部，由底部集中式传力给混凝土。预埋吊件底部扩大后，与混凝土的界面面积、粘结力均增大，承载力得到有效提高，如图 2-8（a）所示。此外，过度界面也可以减缓混凝土中的应力集中，使界面上的混凝土产生压应力，充分利用混凝土抗压不抗拉的特性，进而增强扩底类预埋吊件的受拉承载力。该类预埋吊件依靠埋入端扩大后与现浇混凝土之间的机械咬合传递轴向荷载，外露段配置专用吊具向混凝土表面传递剪力。

异形钢筋类，通过将带肋钢筋弯成异形后埋入混凝土，如图 2-8（b）所示，其传力途径表现为：沿钢筋埋向渐进式传力，主要依靠钢筋与混凝土之间的粘结力承担轴向荷载，与扩底类一样，V 型吊件依靠专用吊具传递剪力，而 J 型吊件不能用来传递剪力。

其他扁钢类，如图 2-8（c）所示，该类预埋吊件兼具扩底类和钢筋焊接类的特点，由扁钢制成，通过螺纹或者自身孔洞与吊具连接，如图 2-8 所示，通常底部分叉，自身带孔，可以穿入钢筋，或者底部扩为板型。依靠于混凝土的粘结力承担荷载，如扁钢吊钉，起吊荷载相对较小，常用于吊装板类预制构件。

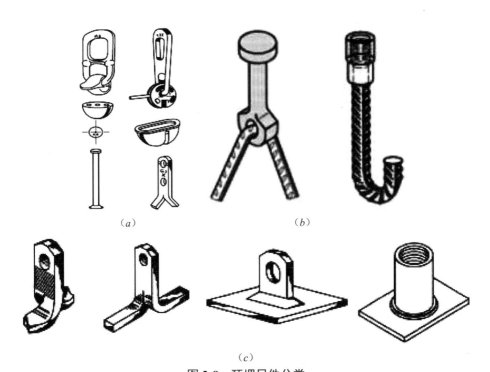

（a）　　　　　　　　　　　（b）

（c）

图 2-8　预埋吊件分类

Fig2.8　Inserts classification

2.3　破坏模式

在实际工程应用中，预埋吊件的受力状态主要有受拉、受剪、拉剪三种。其破坏模式种类繁多，各破坏模式的承载力计算公式也不一样，因此应该选择承载力最小值作为预埋吊件的控制荷载。国内外关于预埋吊件承载力的研究较少，考虑到锚栓与预埋吊件的受力相似，因此可以参考锚栓、植筋的破坏形态，以及根据国内规范《混凝土结构后锚固技术规程》JGJ 145—2013[13] 和国外规范《ACI318》[14] 中的相关规定，将预埋吊件的破坏模式分为受拉破坏、受剪破坏两类。

2.3.1　受拉破坏

预制构件在起吊过程中受到拉力时，预埋吊件和基材混凝土都可能发生破坏，为了便于研究，笔者将受拉破坏分为四种模式，见表 2-1 所示。

受拉破坏模式 Tensile failure mode		表 2-1 Tab.2.1
破坏模式	破坏位置	承载力控制
预埋吊件拉断破坏	预埋吊件	钢材抗拉强度
混凝土锥体破坏	混凝土	混凝土抗拉强度
混凝土劈裂破坏	混凝土	混凝土抗拉强度
混凝土侧向破坏	基材侧面	混凝土抗拉强度

（1）预埋吊件拉断破坏：预埋吊件的外露段被拉断，如图 2-9（a）所示，其承载力可以经过计算得到，即预埋吊件的抗拉屈服强度乘以横截面积。

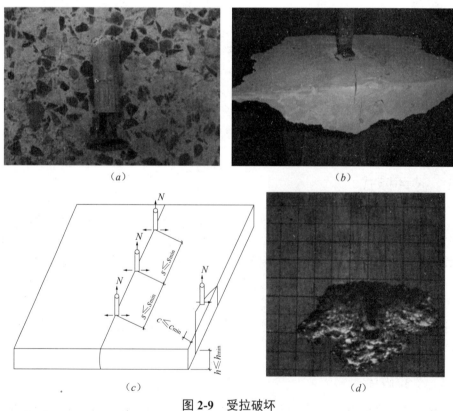

（a）　　　　　　　　　　　（b）

（c）　　　　　　　　　　　（d）

图 2-9　受拉破坏
Fig2.9　Tensile failure

（2）混凝土锥体破坏：预埋区混凝土以预埋吊件为中心呈倒锥形拉脱破坏，如图 2-9（b）所示。锚栓相关规范已经给出了锥体破坏时锚栓抗拉承载力的经验公式，具有一定的参考价值。

（3）混凝土劈裂破坏：基材混凝土表面沿预埋吊件连线产生贯通裂缝，混凝土发生劈裂现象，如图 2-9（c）所示，劈裂破坏通常因间距过小引起，可以通过增大间距避免。

（4）混凝土侧向破坏：当基材边距较小时易发生侧面破坏，预埋端两侧基材出现圆锥形破坏面，预埋区混凝土失去对预埋吊件的机械咬合力，发生侧向破坏，如图 2-9（d）所示。

以上是预埋吊件受拉时的四种常见破坏模式，其中，拔出破坏、劈裂破坏可以人为地控制埋深、间距，避免发生，拉断破坏可以通过计算得到，然而混凝土锥体破坏的承载力力不能直接得出，承载力的影响因素也较多，需要经过试验或者有限元分析研究，得出经验公式，为吊装工程提供参考依据。

2.3.2　受剪破坏

借鉴《混凝土结构后锚固技术规程》JGJ 145—2013 和美国规范《ACI 318》，将预埋吊件受剪分为三种破坏形态，见表 2-2。

受剪破坏形态　　　　　　　　　　　　　　　表 2-2
Shear failure mode　　　　　　　　　　　　Tab.2.2

破坏形态	破坏位置	承载力控制
预埋吊件剪断破坏	预埋吊件	钢材抗剪强度
混凝土剪撬破坏	混凝土	混凝土抗压强度
混凝土楔形体破坏	混凝土	混凝土抗拉强度

（1）预埋吊件剪断破坏：预埋吊件受到纯剪切、弯剪破坏，如图 2-10（a）所示，通常发生在边距较大的情况下，承载力取决于预埋吊件材质的抗剪强度。

（2）混凝土剪撬破坏：常发生在预埋深部不足时，破坏表现为：预埋吊件的外露端弯曲，一侧混凝土被压碎，如图 2-10（b）所示。

（3）混凝土楔形体破坏：通常发生在边距较小且没有钢筋加固的边缘受剪情况，基材混凝土边缘发生楔形撕裂，如图 2-10（c）所示。

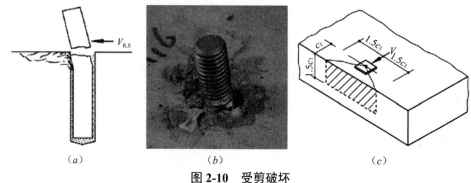

图 2-10　受剪破坏

Fig2.10　Shear failure

2.4　承载力影响因素

根据《ACI318》、《CEN/TR 15728》、《ETAG001》等国外规范中推荐的承载力计算公式，预埋系统承载力的影响因素主要包括内因和外因两个方面，其中内因主要包括混凝土强度、预制构件的厚度、边距、有效埋置深度、基材开裂等；外因有起吊动力系数、扩展角、模板粘结力等。

2.4.1　混凝土强度

预制构件成型后，预埋区混凝土对钢制预埋吊件有很大的约束作用，基材混凝土强度是影响预埋吊件承载力的重要因素之一。当基材混凝土强度较高时，可以适当降低预埋吊件的埋置深度，因此，厚度较小的预制构件通常采用高强度基材混凝土。当埋深不足时，低强度基材混凝土受拉时易发生锥体破坏，受剪时易发生楔形体破坏。随着混凝土强度的增大，预埋吊件与基材之间的相互约束作用增强，局部应力集中得到缓解，高强度混凝土的开裂极限也得到提高，进而提高预埋吊件的承载力。国内规范《混凝土结构后锚固技术规程》JGJ 145—2013（以下统称《技术规程》）和美国规范《ACI318》、欧洲规范《ETAG001》中计算抗拉和抗剪承载力时，规定承载力与混凝土强度的平方根呈正比，不同的是国内规范采用立方体抗压强度，国外规范采用圆柱体抗压强度。

2.4.2　基材厚度

扩底类预埋吊件由于底部扩大后，在预制构件制作完成后相当于嵌入到基材混凝土中。预埋吊件在受荷以后，基材厚度起到扩散应力的作用，厚度越大，应力扩散范围越大，基材表面就越不易开裂，能更好地确保混凝土处于弹性工作阶段，这也是预制构件在吊装过程中强制控制标志，即不能使预制构件在吊装过程中产生开裂现象，造成初期缺陷，影响工程质量。《技术规程》和《ETAG001》都对最小厚度做了规定，约为有效埋深的 2 倍，当基材厚度小于临界厚度时，要求对基材进行补强，以满足承载力要求。

2.4.3　边距

国内外各规范在计算锚固系统抗拉和抗剪承载力时都要考虑边距的影响。当边距足够大时，扩底类预埋吊件受荷后可以将荷载有效传递给范围较大的预埋区混凝土，使混凝土受力更加均匀，因此往往产生预埋吊件被拉断或者剪断。当边距较小时，靠近边缘的预埋区混凝土中应力必然高于其他区域，因此更易发生破坏。当锚固系统发生基材锥体破坏时，国内外规范规定临界边距均为 1.5 倍有效埋深，即大于 1.5 倍有效埋深时，承载力不受边距的折减影响，当边距小于 1.5 倍有效埋深时，折减系数按下列公式计算。

$$\varphi = 0.7 + 0.3 \frac{c}{1.5 h_{ef}} \tag{2-1}$$

式中，c 表示边距，h_{ef} 表示有效埋深。此外，《技术规程》中明确规定锚固系统受拉时边距不宜小于 5 倍锚固件直径。

2.4.4　基材开裂和配筋

基材混凝土的开裂情况对锚固系统的承载力影响很大，锚固区内部的混凝土裂缝会影响基材的传力，缩小锚固区起约束作用的混凝土受力范围，从而降低承载力，《技术规程》和《ACI318》规定了未裂基材混凝土对承载力的提高系数均为 1.4。基材混凝土配筋情况同样也对锚固承载力有一定程度的影响，锚固区适当配筋可以抑制裂缝的开展，但是在混凝土锥体受拉破坏模式下，会因为钢筋隔离作用，而出现混凝土保护层先剥离，从而降低了有效埋深。因此《技术规程》和《ACI318》中规定表层混凝土因密集配筋的剥离作用对抗拉承载力降低影响系数按下式计算。其中，锚固区钢筋间距 $s \geqslant 150\text{mm}$ 时，或钢筋直径 d 小于等于 10mm 且间距 s 大于等于 100mm 时，不考虑折减影响。

$$\varphi_{re,N} = 0.5 + \frac{h_{ef}}{200} \leqslant 1 \tag{2-2}$$

2.4.5　动力系数

预制构件在被吊起瞬间，预埋吊件承受吊装设备传递的动力荷载，尽管钢制或者合成纤维材质的电缆具有减振作用，但是由于动力系数的存在，吊装设备受到来自预制构件的自重无疑将被放大，这就导致传递给预埋吊件的荷载也随之增大。动力系数是指预制构件在受到动载起吊时，构件自重被放大的倍数，主要与起吊设备和周围环境有关，英国规范《CEN/TR:15728:2008》规定了不同起吊设备的动力系数，见表2-3。

动力系数 表 2-3
Dynamic coefficient Tab.2.3

起吊设备	动力系数
塔式、门式起重机	1.2
移动式起重机	1.4
平地起吊	2～2.5
崎岖路面起吊	3～4

2.4.6 扩展角

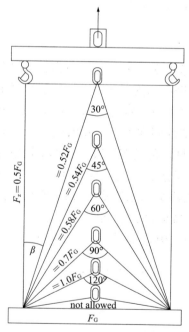

图 2-11 扩展角示意图
Fig.2.11 Expansion angles diagram

扩展角是指吊索或者吊缆与铅垂线的夹角，如图 2-11 中 β，扩展角越大，每根吊索上分担的拉力就越大，传递给预埋吊件的荷载也越大，扩展角通常为 $0° \sim 60°$，预制构件吊运过程中，可以根据扩展角的大小确定每根吊索上的拉力，进而确定预埋吊件的受力是否在安全范围之内。

2.4.7 模板粘结力

模板粘结力 **Template bond**	表 2-4 Tab.2.4
模板材质	模板粘结力
涂油钢模、塑胶模	$1kN/m^2$
涂漆木模	$2kN/m^2$
粗糙模板	$3kN/m^2$

预制构件在生产过程中，通常伴随模板一起吊运，因此模板粘结力对预埋吊件起到一个负载作用。一般认为，模板粘结力主要受模板材质和粘结面构造形式影响。常见模板材质有防水钢模、涂漆木模、粗糙木板，模板粘结力见表 2-4。当粘结构造形式复杂，粘结面带有板肋构造时，模板粘附力将随之扩大。其中，面板、肋板、格子板的模板粘附力扩大系数分别为 2 倍，3 倍，4 倍。

2.5 承载力计算方法

由于国内目前没有关于预埋吊件的相关规范，也没有准确的承载力计算公式，只能参考《混凝土结构后锚固技术规程》JGJ 145—2013（以下统称《技术规程》）中关于锚栓承载力的计算方法。国外对预埋吊件承载力的研究起步较早，美国规范《ACI318》在介绍锚固系统承载力计算方法时，提出了对于现浇工艺下锚固系统承载力的经验修正，具有一定的参考价值。此外，英国规范《CEN/TR 15728》将预埋吊件分类，并规定各种预埋吊件在不同破坏形态下的承载力计算公式。此外，欧洲规范《ETAG001》中规定的锚固系统承载力计算方法与《技术规程》几乎一样，因此本书重点对比《ACI318》、《CEN/TR 15728》、《技术规程》的计算方法及其适用性。鉴于此，本研究需要梳理国内外规范中关于承载力的计算方法，比较其差异，并且与后期的有限元分析结果做对比，研究在边距作用下，预埋吊件承载力的变化趋势。

《技术规程》和《ACI318》都是计算锚固承载力的规范，有相同的受拉、受剪破坏分类，以及相近的承载力计算公式，计算有边距影响的承载力时，两者的边距修正经验公式也相同。《CEN/TR 15728》是专用于预埋吊件的规范，只规定了预埋吊件受拉承载力计算公式，其中锥体破坏承载力计算公式中也包括边距修正，临界边距为 $1.75h_{ef}$，大于《技术规程》和《ACI318 不同》中规定的 $1.5h_{ef}$。

但是三个规范针对的主体不一样，《技术规程》针对锚栓和植筋工作时的抗拉承载力计算，属于后锚固系统，未给出现浇工艺下的承载力计算值的修正参数；《ACI318》同样用于锚栓设计，但是规定了基材为现浇和后锚固两种工艺下的承载力修正参数，其适用主体仍为锚栓。而《CEN/TR 15728》主要针对专用预埋吊件的应用设计，但是只规定了预埋吊件抗拉承载力计算方法，没有提出抗剪承载力计算公式。

2.5.1 抗拉承载力各规范计算方法

简要阐述《技术规程》和《ACI318》中关于抗拉承载力计算原理如下：

（1）《技术规程》

1）拉断破坏

$$N_{Rd,s} = N_{Rk,s} / \gamma_{RS,N} \tag{2-3}$$

$$N_{Rk,s} = A_s f_{stk} \tag{2-4}$$

2）混凝土锥体破坏

$$N_{Rd,c} = N_{Rk,s} / \gamma_{Rc,N} \tag{2-5}$$

$$N_{Rk,c} = N_{Rk,c}^0 \frac{A_{c,N}}{A_{c,N}^0} \varphi_{S,N} \varphi_{re,N} \varphi_{ec,N} \tag{2-6}$$

3）劈裂破坏

《技术规程》规定，当边距小于 $3h_{ef}$，且基材厚度小于 $2h_{ef}$ 时，应该考虑荷载作用下的基材劈裂破坏。

$$N_{Rd,sp} = N_{Rk,sp} / \gamma_{Rsp} \tag{2-7}$$

$$N_{Rk,sp} = \varphi_{h,sp} N_{Rk,c} \tag{2-8}$$

$$\varphi_{h,sp} = \left(h / 2h_{ef} \right)^{2/3} \tag{2-9}$$

（2）《ACI318》

1）拉断破坏

$$N_{sa} = nA_{se} f_{uta} \tag{2-10}$$

2）混凝土锥体破坏

$$N_{cbg} = \frac{A_{nc}}{A_{nc0}} \varphi_{ec,n} \varphi_{ed,n} \varphi_{c,n} \varphi_{cp,n} N_b \qquad (2\text{-}11)$$

3）混凝土侧向破坏

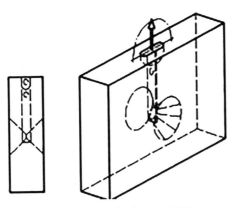

图 2-12　侧向破坏示意图

Fig.2.12　Side-face blow-out failure diagram

当边距小于 0.4 倍有效埋深时，基材混凝土将发生侧向破坏，如图 2-12 所示，承载力计算见式（2-14）。

$$N_{sb} = 160 c_{a1} \sqrt{A_{brg}} \sqrt{f_c'} \qquad (2\text{-}12)$$

（3）《CEN/TR 15728》

1）锥体破坏

$$N_{RK} = k_3 \cdot \varphi_c \cdot l_a^{k_4} \sqrt{f_{ck}} \qquad (2\text{-}13)$$

$$\varphi_c = k_2 + \frac{c}{k_1 \cdot l_a} \leqslant 1 \qquad (2\text{-}14)$$

2）侧向破坏

$$N_{RK} = 11.4 \cdot c \cdot \sqrt{\frac{\pi}{4}(d_h^2 - d^2)} \sqrt{f_{ck}} \qquad (2\text{-}15)$$

2.5.2　抗拉承载力计算方法对比

《技术规程》、《ACI318》、《CEN/TR 15728》都提出了抗拉承载力计算公式，但是在破坏分类、承载力公式参数修正等方面各有异同。

（1）破坏形态

国内外规范对预埋、锚固系统的受拉破坏做出了分类规定以及承载力计算公式，见表 2-5。

国内外规范受拉破坏分类

Tensile failure classification of foreign and domestic standard

表 2-5

Tab.2.5

破坏形态	《技术规程》	《ACI318》	《CEN/TR 15728》
拉断破坏	√	√	
锥体破坏	√	√	√
侧向破坏	—	√	√
劈裂破坏	√	—	—

注:"√"表示规范中规定了该类破坏形态的承载力计算公式。

（2）锥体破坏承载力修正参数

三个规范承载力计算公式均涉及混凝土强度、边距、有效埋深等影响因素受拉破坏形态均有锥体破坏承载力，并且其计算公式都采用基础值乘以各影响因素的修正系数，但是各国规范对不同影响因素的修正方式不同，见表2-6。

锥体破坏修正参数

Correction parameters of cone failure

表 2-6

Tab.2.6

修正参数	《技术规程》	《ACI318》	《CEN/TR 15728》
基准值公式	$N_{Rk,c}^0 = k\sqrt{f_{cu,k}}\,h_{ef}^{1.5}$	$N_b = k_c\sqrt{f_c}\,h_{ef}^{1.5}$	$N_{RK} = 6.1 \cdot l_a^{1.7}\sqrt{f_{ck}}$
边距	$\varphi_{s,N} = 0.7 + 0.3\dfrac{c}{1.5h_{ef}} \leqslant 1$	$\varphi_{ed,N} = 0.7 + 0.3\dfrac{c}{1.5h_{ef}} \leqslant 1$ c 表示边距，h_{ef} 表示有效埋深	$\varphi_c = 0.16 + \dfrac{c}{1.75 \cdot h_{ef}} \leqslant 1$
基材工艺	只用于后锚固工艺	基材未裂，现浇修正系数 1.25，基材未裂，后锚固修正系数 1.4	只适用于现浇工艺
基材配筋	$\varphi_{re,N} = 0.5 + \dfrac{h_{ef}}{200} \leqslant 1$	—	—
基材开裂	基材开裂 $k=7$ 基材未裂 $k=9.8$	基材开裂，现浇 $k=17$ 基材开裂，后锚固 $k=24$	—
偏心距	$\varphi_{ec,N} = \dfrac{1}{1 + 2e_N/3h_{ef}}$， e_N 表示偏心距	$\varphi_{ec,N} = \dfrac{1}{1 + 2e_N'/3h_{ef}}$， e_N' 表示偏心距	—

其中,《技术规程》规定未裂混凝土对预埋吊件抗拉承载力的修正系数为 1.4,《ACI318》则规定为 1.25,《CEN/TR 15728》未考虑混凝土开裂情况对承载力的修正系数。此外,《ACI318》提出了基材混凝土为现浇施工时的承载力修正系数。因此,相同工况下,《ACI318》计算得到的理论规范值是《技术规程》的 1.25 倍。《CEN/TR 15728》只规定了单个预埋吊件的承载力的计算公式,而《ACI318》和《技术规程》均规定了单锚和群锚承载力计算公式,并规定了群锚时的偏心距修正公式。

(3)锥体破坏边距效应

《CEN/TR 15728》的边距修正公式与《ACI318》、《技术规程》不同,但是三个规范的边距修正公式均表明,混凝土锥体破坏的抗拉承载力不随边距的增大而无限增大,即存在临界边距 $c_{cr,N}$,当边距大于时 $c_{cr,N}$,继续增大边距不能提高抗拉承载力,根据三个规范的边距修正公式可以看出,《CEN/TR 15728》中的边距效应没有另外两个明显,即增大边距对承载力提高较小。《ACI318》、《技术规程》规定 $c_{cr,N}$ 为 $1.5h_{ef}$,《CEN/TR 15728》规定约为 $1.47h_{ef}$。

(4)参数单位

《技术规程》、《CEN/TR 15728》规范的承载力计算公式中各参数均采用国际单位制,而《ACI318》中的参数单位均为欧洲单位制,如英寸、磅等,因此若采用该规范计算公式,前提是将参数单位改为国际单位制,并改变相应计算公式中的经验系数。此外,对于混凝土强度这一关键参数,美国规范《ACI318》采用圆柱体混凝土强度 f'_c,英国规范《CEN/TR 15728》采用立方体抗压强度标准值 f_{ck},国内规范《技术规程》采用混凝土立方体抗压强度标准值 f_{ck}。

将《ACI318》中的磅、英寸分别转化为牛顿、毫米,并将圆柱体抗压强度转化为立方体抗压强度可以发现,该规范中的后锚固施工工艺的锥体破坏承载力基准值计算公式与《技术规程》一样,则由表 2-4 可知,在不考虑基材配筋的影响下,《ACI318》与《技术规程》的计算公式几乎一样,只不过《ACI318》考虑了混凝土施工工艺的修正系数 1.25,即在相同条件下,采用《ACI318》的计算结果预埋吊件锥体破坏承载力的结果约是《技术规程》计算结果的 1.25 倍。

(5)分项系数

三个规范的承载力设计值均采用安全系数法,将各种破坏的承载力标准值除以分项系数,也就是安全系数得到设计值,或者将承载力标准值乘以折减系数,以此进行预埋吊件承载力的设计应用。《技术规程》根据构件是否为结构构件、破坏形态两个因素规定安全系数,其中对于结构构件,混凝土锥体、劈裂破坏的分享系数为 3,楔形体、剪撬破坏分项系数均为 2.5,锚栓破坏分项系数为 1.3。

《ACI318》按照锚栓形式以及受拉、受剪破坏的工况规定承载力折减系数，例如，撑帽式锚栓受拉破坏折减系数为 0.85。《CEN/TR 15728》对外荷载、承载力计算均做出规定：恒载、活载分项系数分别为 1.15、1.5，混凝土受拉、受剪以及拉剪耦合破坏分项系数均为 1.5。

2.5.3 抗剪承载力各规范计算方法

简要阐述《技术规程》和《ACI318》中关于抗拉承载力计算原理如下：

（1）《技术规程》

1）剪断破坏

$$V_{Rd,s} = V_{Rk,s} / \gamma_{Rs,V}$$

$$V_{Rk,s} = 0.5 A_s f_{yk}$$

（2-16）

2）楔形体破坏

混凝土发生楔形体破坏的受剪承载力应按式（2-17）和式（2-18）计算。

$$V_{Rd,c} = V_{Rk,c} / \gamma_{Rc,v} V_{Rk,c}$$

（2-17）

$$V_{Rk,c} = V_{Rk,c}^0 \frac{A_{c,v}}{A_{c,v}^0} \varphi_{s,v} \varphi_{h,v} \varphi_{\alpha,v} \varphi_{ec,v} \varphi_{re,v}$$

（2-18）

3）剪撬破坏

$$V_{Rd,cp} = V_{Rk,cp} / \gamma_{Rcp}$$

$$V_{Rk,cp} = k N_{Rk,c}$$

（2）《ACI318》

1）剪断破坏

$$V_{sa} = n A_{se} f_{uta}$$

（2-19）

2）楔形体破坏

受剪锚栓的基材混凝土发生楔形体破坏，承载力 V_{cb} 应按式（2-20）计算。

$$V_{cb} = \frac{A_{vc}}{A_{vc0}} \varphi_{ed,v} \varphi_{ec,v} \varphi_{c,v} V_b$$

（2-20）

3）剪撬破坏

《ACI318》规范认为剪撬破坏承载力与锥体破坏承载力呈正相关，公式见式（2-21）。

$$V_{cp} = k_{cp} N_{cb}$$

（2-21）

2.5.4 抗剪承载力计算方法对比

《技术规程》、《ACI318》两个规范均提出了抗剪承载力计算公式，但是在适用主体、修正参数等方面各有异同。

（1）适用主体

《技术规程》是一部针对锚栓、植筋等后锚固设计的规范，而《ACI318》主要针对锚栓，包括现浇、后锚固两种施工工艺，规定了不同混凝土施工工艺的修正系数，两部规范均可以用来计算锚固系统的承载力。

（2）破坏形态

国内外规范受剪破坏分类　　　　　　　　　　　　　　表 2-7

Shear failure classification of foreign and domestic standard　　Tab.2.7

破坏形态	《技术规程》	《ACI318》
剪断破坏	√	√
剪撬破坏	√	√
楔形体破坏	√	√

注："√"表示某规范中规定了该类破坏形态。

由表 2-7 可以看出，《技术规程》和《ACI318》都将锚固系统受剪破坏分为钢材剪断破坏、混凝土剪撬破坏、混凝土楔形体破坏，对各种破坏形态的定义也相同。其中，钢材剪断破坏承载力计算公式相同，而楔形破坏承载力的基准值计算公式、影响因素修正公式均不同，两个规范中剪撬破坏的承载力计算原理相同，即剪撬破坏承载力在锥体破坏承载力基础上乘以折减系数。

（3）修正参数

楔形体破坏修正参数　　　　　　　　　　　　　　　表 2-8

Tensile failure classification of foreign and domestic standard　　Tab.2.8

修正参数	《技术规程》	《ACI318》
基准值公式	$V_{\mathrm{Rk,c}}^{0}=k\cdot d^{\alpha}h_{\mathrm{ef}}^{\beta}\sqrt{f_{\mathrm{cu,k}}}\,c_{1}^{1.5}$	$V_{\mathrm{b}}=k\cdot\left(\dfrac{l_{\mathrm{e}}}{d_{0}}\right)^{0.2}\sqrt{d_{0}}\sqrt{f_{\mathrm{c}}'}\,(c_{\mathrm{a1}})^{1.5}$
边距	$\varphi_{\mathrm{s,V}}=0.7+0.3\dfrac{c_{2}}{1.5c_{1}}\leqslant1$	$\varphi_{\mathrm{ed,V}}=0.7+0.3\dfrac{c_{2}}{1.5c_{1}}\leqslant1$
	C_{1}、C_{2} 分别平行、垂直于剪力方向的边距	
基材工艺	只用于后锚固工艺	后锚固工艺 $k=7$； 现浇工艺 $k=8$
厚度	$\varphi_{\mathrm{h,V}}=\left(\dfrac{1.5c_{1}}{h}\right)^{1/2}\geqslant1$	—

续表

修正参数	《技术规程》	《ACI318》
基材开裂	基材开裂 $k = 1.35$； 基材未裂 $k = 1.9$	基材开裂修正系数 1.0； 基材未裂修正系数 1.4
剪力方向	$\varphi_{\alpha,V} = \sqrt{\dfrac{1}{\left(\cos\alpha_V\right)^2 + \left(\dfrac{\sin\alpha_V}{2.5}\right)^2}}$	—
偏心距	$\varphi_{ec,V} = \dfrac{1}{1 + 2e_V/3c_1}$， e_V 表示偏心距	$\varphi_{ec,V} = \dfrac{1}{1 + 2e_V'/3c_{e1}}$， e_V' 表示偏心距

当基材混凝土发生楔形体破坏时，两个规范在计算抗剪承载力都考略了双向边距比的折减影响，偏心修正公式，预制构件厚度和锚固件埋置深度的影响，并规定了基材混凝土开裂修正系数。《技术规程》还考虑了边距与构件厚度比的修正影响，以及剪力与构件边缘夹角的修正公式，而《ACI318》只考虑了边距、偏心距的修正影响。此外，《ACI318》、《技术规程》对未裂混凝土的修正系数分别取 1.25 和 1.4，具体修正参数对比见表 2-8。

（4）分项系数

《技术规程》规定楔形体、剪撬破坏分项系数均为 2.5，锚栓破坏分项系数为 1.3。《ACI318》规定受剪破坏工况的承载力折减系数，例如，撑帽式锚栓受剪破坏折减系数为 0.75。《CEN/TR 15728》规定混凝土受剪以及拉剪耦合破坏分项系数均为 1.5。

（5）剪断破坏

《技术规程》中关于预埋吊件剪断破坏包括无杠杆臂的纯剪破坏，以及有杠杆臂的拉、弯、剪复合受力，而《ACI318》中只涉及无杠杆臂的纯剪破坏。两个规范的单锚纯剪破坏均为钢材屈服强度与锚栓截面面积的积。

2.6 本章小结

本章总结了边距、混凝土强度、基材配筋、基材厚度等内因、动力系数、扩展角、模板粘结力等外因对预埋吊件承载力的影响机理。同时梳理国内规范《技术规程》、美国规范《ACI318》、英国规范《CEN/TR 15728》中关于锚固、预埋系统抗拉、抗剪承载力计算方法，归纳并区分他们的相同点和差异。

混凝土强度是预埋吊件承载力的主要影响因素，国内外规范的抗拉、抗剪承载力计算公式中均涉及混凝土强度参数。基材开裂影响的修正参数不一致，《技术规程》规定未裂混凝土的修正系数为 1.4，《ACI318》规定现浇工艺和后锚固工艺的基材未裂修正系数分别为 1.25 和 1.4，将《ACI318》中后锚固工艺下的锥体破坏承载力计算原理与《技术规程》完全一样，计算现浇工艺下的锥体破坏承载力需要乘以工艺修正系数 1.25，即采用两个规范计算预埋吊件锥体破坏承载力时，《ACI318》计算结果是《技术规程》的 1.25 倍。《CEN/TR 15728》则未考虑基材开裂、基材配筋等影响，只适用于计算现浇基材下的预埋吊件承载力。国内外规范对动力系数、扩展角、模板粘结力等影响因素的规定基本一致。

《技术规程》、《ACI318》规范都规定了锚固系统抗拉、抗剪承载力计算公式，而《CEN/TR 15728》只规定了抗拉承载力计算公式。《技术规程》规定受拉破坏形态分为拉断破坏、锥体破坏、劈裂破坏，《ACI318》、《CEN/TR 15728》则认为受拉破坏分为拉断破坏、锥体破坏、侧向破坏。三个规范规定的承载力分项系数不同，对应分项系数的分类准则也不同，国内规范的分项系数最高，承载力设计值更偏安全一些。

第3章 有限元分析研究

ABAQUS 有限元分析软件融结构、热力学、流体、电磁、声学和爆破分析于一体，具有完善的前后处理和计算分析能力，能够同时模拟结构、热、流体、电磁以及多种物力场之间的耦合效应[52]。本研究主要应用该软件的力学分析模块，研究边距对扩底类预埋吊件抗拉、抗剪承载力影响等相关问题。

扩底类预埋吊件传力途径较锚栓、植筋、预埋件更为复杂，预制构件尺寸在设计过程中易忽略吊装设计，使其在吊装过程中经常遇到小边距的工况导致预埋吊件承载力折减，在生产过程和工程应用中埋下安全隐患。倘若通过试验研究边距对扩底类预埋吊件的折减影响，需要制作大量试件，耗费人力、物力和时间，研究周期较长，还可能受试验材料、设备影响导致结果失真，可行性不强，必要性不足。然而，采用有限元分析进行研究，可以实现规范化建模，保证材料属性的统一和消除随机误差的影响，并且研究对象只有预埋吊件和混凝土两种材料，其相互作用设置便捷，建模过程简单，短时间内可以多次建立、调整模型进行相关研究。此外，有限元分析可以研究理想情况下的扩底类预埋吊件在拉力、剪力荷载作用下，基材混凝土和预埋吊件自身的应力、应变分布情况，通过云图判断破坏类型，施加位移控制荷载，便于从荷载-位移曲线中得到各模型的极限承载力和破坏位移。

本章有限元分析主要包括三个方面的内容，第一，建模研究，通过模拟前期试验研究结果，按照试件尺寸、材料属性、接触类型、加载方案和等效约束等建立有限元模型，通过不同埋深的多组数据对比，确定各模型的相对误差，进一步确定有限元分析的可行性与合理性。第二，在模型的基础上改变模型边距大小，设置不同混凝土强度下的多个模型组，边距呈梯度变化，通过有限元模拟的方法得到各模型承载力，研究边距对扩底类预埋吊件抗拉承载力的影响趋势以及临界边距值，并将有限元分析结果与按国内外规范推荐公式计算值对比，检验有限元模拟结果的合理性。第三，与第二部分研究内容相似，主要研究边距对扩底类预埋吊件抗剪承载力影响趋势，以及小边距作用下的受剪破坏形态，探索是否存在临界边距，并与国内外规范计算结果对比，总结规律。

3.1　建模研究

3.1.1　建立模型

（1）模型尺寸

为了使有限元分析结果更具合理性和可行性，本研究首先模拟课题组前期的预埋吊件试验研究中的 HD-90 试件拉拔试验[29]，采用 ABAQUS 有限元分析软件建立 1∶1 的基材混凝土、钢制预埋吊件仿真实体模型，如图 3-1 所示。

（a）预埋吊件　　　　　　　　　　　　（b）基材混凝土

图 3-1　建立模型

Fig3.1　Building Model

本研究涉及有限元分析中的基材混凝土内部未配置钢筋，均为素混凝土，预埋吊件和基材混凝土尺寸参数如图 3-2 所示，其中基材混凝土简化为长、高均为 400mm，宽度为 200mm 的实体模型。

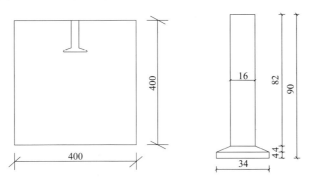

图 3-2　模型尺寸（单位：mm）

Fig3.2　The size of model（Unit：mm）

（2）本构关系和材料属性

混凝土模型的本构关系参考文献 [53] 以及《混凝土结构设计规范》GB 50010—2010[54] 中的混凝土本构关系计算方法。

1）单轴受拉应力-应变曲线计算公式

$$\sigma=\left(1-d_\mathrm{t}\right)E_\mathrm{c}\varepsilon \tag{3-1}$$

$$d_\mathrm{t}=\begin{cases}1-\rho_\mathrm{t}\left(1.2-0.2x^5\right) & x\leqslant1\\[2mm]1-\dfrac{\rho_\mathrm{t}}{\alpha_\mathrm{t}\left(x-1\right)^{1.7}+x} & x>1\end{cases} \tag{3-2}$$

$$x=\frac{\varepsilon}{\varepsilon_\mathrm{t,r}} \tag{3-3}$$

$$\rho_\mathrm{t}=\frac{f_\mathrm{t,r}}{E_\mathrm{c}\varepsilon_\mathrm{t,r}} \tag{3-4}$$

式中，α_t——混凝土单轴受拉应力-应变曲线下降段参数值；

$f_\mathrm{t,r}$——混凝土的单轴抗拉强度代表值，其值根据实际结构分析可取混凝土轴心抗拉强度设计值、标准值、平均值。根据本研究实际情况，为了消除混凝土强度的离散性，结果对比，取为混凝土抗拉强度标准值；

$\varepsilon_\mathrm{t,r}$——与单轴抗拉强度代表值，相对应的混凝土峰值拉应变；

d_t——混凝土单轴受拉损伤演化参数。

2）单轴受压应力-应变曲线计算公式

$$\sigma=\left(1-d_\mathrm{c}\right)E_\mathrm{c}\varepsilon \tag{3-5}$$

$$d_\mathrm{c}=\begin{cases}1-\dfrac{\rho_\mathrm{c}n}{n-1+x^n} & x\leqslant1\\[2mm]1-\dfrac{\rho_\mathrm{c}}{\alpha_\mathrm{c}\left(x-1\right)^2+x} & x>1\end{cases} \tag{3-6}$$

$$x=\frac{\varepsilon}{\varepsilon_\mathrm{t,r}} \tag{3-7}$$

$$\rho_\mathrm{c}=\frac{f_\mathrm{c,r}}{E_\mathrm{c}\varepsilon_\mathrm{c,r}} \tag{3-8}$$

$$n=\frac{E_\mathrm{c}\varepsilon_\mathrm{c,r}}{E_\mathrm{c}\varepsilon_\mathrm{c,r}-f_\mathrm{c,r}} \tag{3-9}$$

式中，α_c——混凝土单轴受压应力-应变曲线下降段参数值；

$f_{c,r}$——混凝土的单轴抗压强度代表值，其值根据实际结构分析可取混凝土轴心抗压强度设计值、标准值、平均值。根据本研究实际情况，为了消除混凝土强度的离散性，结果对比，取为混凝土抗压强度标准值；

$\varepsilon_{t,r}$——与单轴抗压强度代表值，相对应的混凝土峰值压应变；

d_t——混凝土单轴受压损伤演化参数。

由前期试验研究可知[29]，预埋吊件在受到拉力作用时，发生脆性破坏，即混凝土在发生破坏之前一直处于弹性工作阶段。此外，为了消除混凝土强度的随机性对预埋吊件抗拉承载力的影响，以及便于后期研究中不同模型计算结果的相互比较，混凝土强度参数采用标准值。该模型中混凝土强度等级为C20，弹性模量 $E = 25500\text{MPa}$，$f_{t,k} = 1.54\text{MPa}$，$f_{c,k} = 13.4\text{MPa}$，采用塑性损伤模型，参数见表3-1所示。

计算参数　　　　　　　　　　　　　　表 3-1

Calculation parameters　　　　　　　　Tab.3.1

ψ	ε	α_f	K_c	μ
30	0.1	1.16	2/3	0.005

表3-1中，ψ 为膨胀角，ε 为流动势偏移值，α_f 为双轴极限抗压强度与单轴极限抗压强度比，K_c 为拉伸子午面上和压缩子午面上的第二应力不变量之比，μ 表示黏性系数。

（3）荷载和边界条件

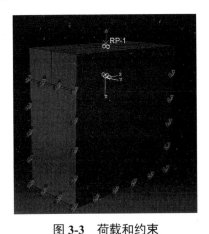

图 3-3　荷载和约束

Fig3.3　Load and constraints

建模过程中施加边界条件的作用是为了约束模型某个位置零位移或者固定位移，在对预埋吊件加载过程中必须保证基材混凝土处于某一约束状态，否则静态分析将提前结束或模型求解过程出现不收敛的问题。如图3-3所示，对基材混凝土两侧施加固定约束，限制其转角和位移。在预埋吊件的外露端施加竖向位移荷载，通过扩底端的直径过渡段将荷载传递给基材混凝土。由于施加的是位移荷载，本研究通过提取模拟结果中加载点的荷载-位移曲线，确定该预埋吊件模型的极限承载力和极限位移。

（4）定义接触

扩底类预埋吊件在受拉过程中，轴向荷载集中于底部传递给基材混凝土，因此不能采用常规型钢—混凝土的嵌入式接触，课题组前期试验研究现象表明基材混凝土发生锥体破坏时，预埋吊件扩底端的直径过渡段与基材混凝土仍粘结在一起，因此建模过程中将预埋吊件扩底端的直径过渡段与基材混凝土设置为粘结接触。此外，预埋吊件与混凝土之间难免存在粘结效应，但是不同于钢筋-混凝土、型钢混凝土界面，预埋吊件与混凝土之间不需要考虑粘结滑移的影响，原因有以下两点：

第一，根据《混凝土结构设计规范》GB 50010—2010，钢筋与混凝土的粘结滑移曲线分为三段：弹性段、劈裂段、下降段，弹性段的最大位移约为$0.025d$，本研究建立的预埋吊件模型轴向直径为16mm，弹性极限位移为0.4mm，前期试验研究过程中最大破坏位移约为0.4mm，而通过初期尝试可知有限元分析的加载位移约为0.3mm，即有限元分析进行加载初始阶段，所加最大位移荷载小于规范规定的弹性段极限位移，那么相对滑移量就远远小于该弹性段的极限位移，所以粘结应力对扩底类预埋吊件的承载力影响很小，可以忽略不计。

第二，专用预埋吊件不同于带肋钢筋，表面通常涂刷防锈层，平整且光滑，相比于规范中定义的带肋钢筋-混凝土粘结滑移曲线，若滑移量相同，预埋吊件对应的粘结应力应小于带肋钢筋-混凝土粘结应力，因此粘结应力更小，对预埋吊件承载力影响也小。

综上两个原因，本研究不考虑预吊件与混凝土的粘结滑移影响。

（5）网格划分

为了通过有限元进行迭代计算和材料之间的相互传力，需要对建立好的基材混凝土、预埋吊件部件进行网格划分，网格尺寸在很大程度上可以决定分析精度，在满足分析精度的基础上，合理的划分网格可以极大地提高软件分析迭代的收敛速度。ABAQUS中可以应用于二维、三维的网格划分方法有三种:结构网格、扫掠网格和自由网格。本研究在建模过程中对基材混凝土采用结构网格划分，由于预埋吊件轴部呈圆柱状，且扩底端存在直径过渡段，因此对预埋吊件采用扫掠网格划分，如图 3-4 所示。

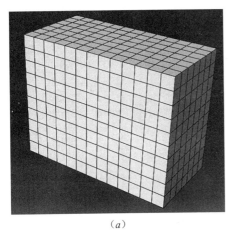
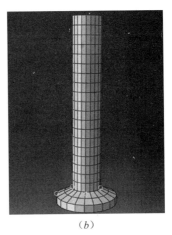

（a）　　　　　　　　　　　　　　　（b）

图 3-4　网格划分

Fig3.4　Meshing

（6）破坏形态预测和判断依据

在每次改变加载位移之后，观察基材混凝土模型应力云图和应变云图，破坏分类标准如下：

1）如果基材混凝土应变云图中出现以预埋吊件扩底端为顶点的倒锥形破坏面，且该破坏面上的拉应变超过混凝土的抗拉极限应变，即视为基材混凝土发生锥体破坏；

2）如果基材混凝土的应力云图显示，预埋区两侧混凝土出现内凹型破坏面，且破坏面上混凝土达到极限抗拉应变，视为发生混凝土侧向破坏；

3）如果预埋吊件应力云图显示预埋吊件的局部应力达到材料屈服强度，且基材混凝土未出现上述两种破坏面，说明预埋吊件在轴向位移荷载下被拉断，模型发生预埋吊件拉断破坏。

以上是模型可能发生的三种破坏模式，笔者认为只要模型计算结果满足某一类破坏的判断标准，即认定模型发生该类破坏，施加的位移即为破坏位移，位移荷载曲线中与破坏位移对应的就是破坏荷载，也是该模型的抗拉承载力。

因为劈裂破坏是发生在多点起吊时，沿预埋吊件的连线，预制构件表面混凝土开裂，通常可以控制间距加以避免，此外本研究侧重于单个预埋吊件的承载力，因此不考虑劈裂破坏。此外，由于混凝土是抗压不抗拉的材料，极限压应变必然大于开裂应变，扩底类预埋吊件发生拔出破坏的承载力必然大于锥体破坏的承载力，前期试验 [25] 也表明在边距影响下的扩底类预埋吊件拉拔试验，基材混凝土均发生锥体破坏，预埋吊件与混凝土的粘结面未产生相对滑移。因此本研究只考虑混凝土锥体破坏和预埋吊件拉断破坏，通过有限元分析结果，观察应力云图和应变云图，判断模型首先达到哪种破坏。

3.1.2　结果分析

（1）有限元分析结果

通过对有限元模型施加位移荷载，模型应力云图和应变云图如图 3-5 所示。图 3-5（a）为预埋吊件应力云图，最大拉应力为 172.2MPa，未达到其抗拉屈服强度 345MPa，因此没有发生预埋吊件拉断破坏；图 3-5（b）为基材混凝土应变云图，基材混凝土倒锥形破坏面，破坏面上的混凝土拉应变达到混凝土极限拉应变 0.0001。灰色单元代表混凝应变超过极限拉应变，预埋吊件扩大端两侧混凝土受到锥形破坏面的压力作用出现压应变，势必大于 0.0001，此外预埋吊件的钢制属性必然导致其拉应变远超混凝土极限拉应变，故轴向部分显示为灰色单元，因此判定该模型发生混凝土锥体破坏，锥角约为 40°。

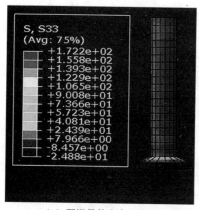 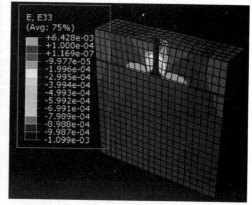

（a）预埋吊件应力云图　　　　　　　（b）混凝土应变云图

图 3-5　分析结果

Fig3.5　Analysis result

（2）前期试验结果

前期试验 [25] 结果表明，边距为 100mm，埋深为 90mm 的试件，同样发生了混凝土锥体破坏。加载初期，随着位移的加大，混凝土表面出现细微裂缝。当加载到一定程度时，预埋吊件连同混凝土一起被拔出，此时预埋吊件并没有发生任何破坏，预埋吊件与混凝土发生理想的混凝土锥体破坏。其中，混凝土锥面的平均直径约为 400mm，混凝土破坏锥面的角度大约为 30°，如图 3-6 所示。从试验现象可以看出混凝土锚固区未开裂，破坏形态为以预埋吊件为中心的倒锥形破坏，与有限元分析得到的破坏形态一致。

（*a*）　　　　　　　　　　　　（*b*）

图 3-6　试验破坏现象

Fig3.6　Test damage phenomenon

（3）荷载位移曲线

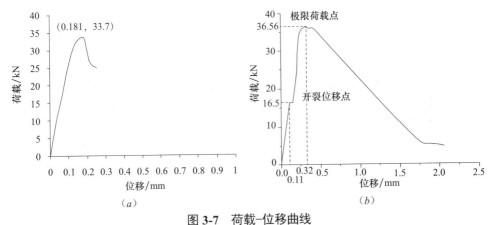

（*a*）　　　　　　　　　　　　（*b*）

图 3-7　荷载-位移曲线

Fig3.7　Load - displacement curve

（*a*）有限元分析；（*b*）试验研究

荷载位移曲线如图 3-7 所示，图 3-7（*a*）、图 3-7（*b*）分别为有限元分析和试验研究得到的荷载位移曲线，两个曲线都表明预埋吊件在受荷初期，荷载与位移呈正比例关系，斜率较大，达到极限荷载后就开始进入下降段，几乎没有塑性发展期，并且达到极限荷载时的破坏位移均较小，因此根据两者的曲线发展趋势可以判断基材混凝土发生脆性受拉破坏。

（4）数据对比分析

比较有限元分析和试验结果，见表 3-2 所示。

结果对比

表 3-2

Compare result

Tab.3.2

试验平均值（kN）	规范推荐公式计算值（kN）			模拟值（kN）
	《技术规程》	《CEN/TR 15728》	《ACI318》	
36.85	25.6	33.1	32	33.7

1）模拟值与试验值对比

由表 3-2 可以看出，试验值比模拟值高 8.5%，原因分析为以下三点：

第一，设备方面。荷载-位移曲线表明预埋吊件在受拉时均发生脆性破坏，并且破坏位移较小，试验数据采集设备由于精度问题，在采集破坏位移和破坏荷载时可能存在延迟记录现象，导致试验得到的数据偏大，高于有限元分析得到的模拟值。

第二，约束状态。试件固定装置不能实现完全约束，即试件与固定装置之间可能会发生微小滑移，导致构件承载力偏大，而有限元分析是理想的约束状态，即受约束单元不发生任何的位移和转角。

第三，材料属性。虽然试验采用的混凝土强度等级为 C20，但是通过对试验的伴随试块加载可知，标准立方体试块抗压强度达到 24.71MPa[25]，然而为了消除混凝土强度的离散性，进而便于后期研究边距对预埋吊件抗拉承载力的影响趋势，以及确定临界边距值，有限元分析中的混凝土材料参数采用强度标准值，如 C20 混凝土的抗压强度标准值为 13.4MPa，远小于试验时的混凝土强度，因此承载力偏低，这也是有限元分析结果低于试验值的主要原因。

2）国内外规范计算值对比

由表 3-2 可知，美国规范《ACI318》推荐公式计算值是国内规范《技术规程》的 1.25 倍，原因为：混凝土强度参数和参数单位不同，《ACI318》采用圆柱体混凝土强度 f'_c，《技术规程》采用立方体抗压强度标准 f_{cuk}，当混凝土强度标号相同时，$f'_c \approx 0.79 f_{cuk}$，由 2.3.2 可知将《ACI318》中后锚固工艺下的锥体破坏承载力计算公式中，圆柱体混凝土抗压强度、参数欧洲单位转换为立方体抗压强度、国际单位，与《技术规程》中的锥体破坏承载力计算公式相同，但是《ACI318》规定了基材为现浇工艺时的修正系数 1.25，因此《ACI318》计算锥体破坏承载力时约为《技术规程》计算结果的 1.25 倍。

英国规范《CEN/TR 15728》的推荐公式中仍采用圆柱体混凝土强度 f'_c，但是该规范认为锥体破坏承载力与有效埋深的 1.7 次方呈正相关，而《技术规程》、《ACI318》则认为锥体破坏承载力与有效埋深的 1.5 次方呈正相关。此外由 2.5.2 可知，《CEN/TR 15728》中的边距修正参数与实际边距和 $1.75h_{ef}$ 的比值呈正相关，而《ACI318》边距修正参数与实际边距和 $1.5h_{ef}$ 比值呈正相关。在一定程度上减弱了边距效应，因此《CEN/TR 15728》与《ACI318》计算结果接近。

3.1.3　可行性与合理性

仅通过一组模型与试件的对比，不能说明利用该有限元模型研究边距对抗拉承载力的可行性和合理性，为了消除随机性和偶然性，本研究另外建立埋深分别为 70mm、85mm 的两组对照模型，即前期试验研究中 HD-70 和楼板吊装元件的拉拔试验研究，其他参数和尺寸与埋深 90mm 的 HD-90 模型保持一致，采用相同的约束和加载方案，并将有限元分析结果与试验研究得到的试验平均值对比，比较 3 个对照组的相对误差，数据汇总见表 3-3。

<table>
<tr><td colspan="3" align="center">数据对比
Data compare</td><td align="right">表 3-3
Tab.3.3</td></tr>
</table>

预埋吊件	埋深（mm）	试验平均值（kN）	有限元结果（kN）	相对误差
HD-70	70	28.31	25.8	8.9%
楼板吊装元件	85	36.06	33.1	8.2%
HD-90	90	36.85	33.7	8.5%

由表 3-3 可以看出，不同埋深的三组对照显示利用有限元分析得到的承载力与试验平均值的相对误差分别为 8.9%、8.2%、8.5%，比较稳定。因此，该有限元分析模型可以用来研究边距对预埋吊件抗拉承载力的影响。

3.2　边距对抗拉承载力的影响

3.2.1　建立模型

国内规范《技术规程》和美国规范《ACI318》中对后锚固、预埋两种工况的临界边距规定均为 1.5 倍有效埋深。但是通过上述模拟值与有限元分析结果的对比，表明规范计算值不适用于预埋吊件。此外，边距是预埋吊件的抗拉承载力的影响因素之一，并且规范计算值经过边距修正后只能作为参考值。因此，笔者基于有限元分析软件利用上述有限元模拟方法研究边距呈承载力影响趋势。

建立6个边距呈梯度变化的模型，模型尺寸、材料属性、有效埋深、荷载约束均一致，模型主要参数见表3-4所示。

主要参数　　　　　　　　　　　　　　　表 3-4

Main parameters　　　　　　　　　　　Tab.3.4

模型编号	N-20-100	N-20-110	N-20-120	N-20-130	N-20-140	N-20-150
边距（mm）	100	110	120	130	140	150
埋深（mm）	90	90	90	90	90	90
混凝土强度（MPa）	C20	C20	C20	C20	C20	C20

由表3-4可以看出，该组模型的基本参数相同，边距呈增大趋势，级差为10mm，其他参数一样，模型编号准则为N-混凝土强度-边距，这样仅控制边距作为变量，就可以得到边距对承载力的影响趋势，进一步确定临界边距的取值。

3.2.2　有限元分析

采用本书第3.1节中的有限元研究方法，对上述模型组进行有限元仿真模拟研究，破坏判断标准采用本书3.1.1中第5条所述规定。

对上述各模型均采用竖向位移加载，预埋吊件底部的基材混凝土应变云图和预埋吊件应力云图，见表3-5。

模型云图　　　　　　　　　　　　　　　表 3-5

Model nephogram　　　　　　　　　　　Tab.3.5

编号	预埋吊件底部的基材混凝土应变云图	预埋吊件应力云图
N-20-100		

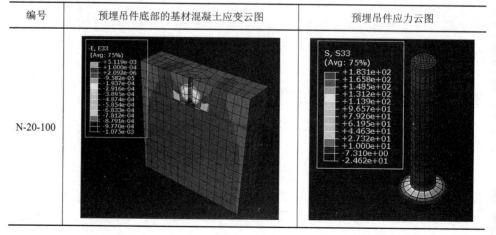

续表

编号	预埋吊件底部的基材混凝土应变云图	预埋吊件应力云图
N-20-110		
N-20-120		
N-20-130		

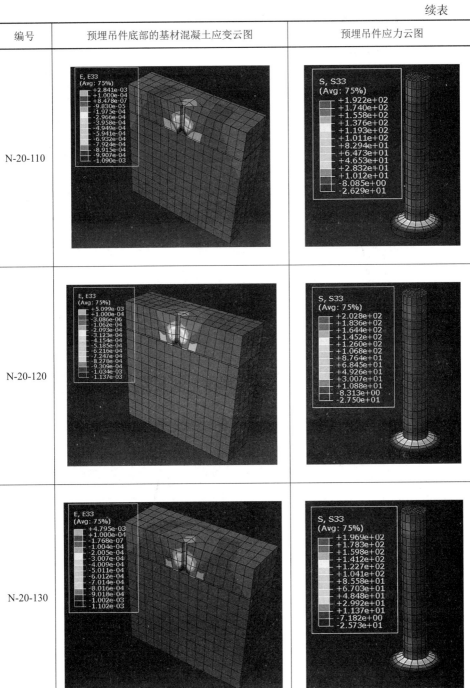

续表

编号	预埋吊件底部的基材混凝土应变云图	预埋吊件应力云图
N-20-140	E, E33 (Avg: 75%) +4.670e-03 / +1.000e-04 / +2.177e-06 / -9.565e-05 / -1.935e-04 / -2.913e-04 / -3.891e-04 / -4.869e-04 / -5.848e-04 / -6.826e-04 / -7.804e-04 / -8.782e-04 / -9.761e-04 / -1.074e-03	S, S33 (Avg: 75%) +2.020e+02 / +1.826e+02 / +1.633e+02 / +1.439e+02 / +1.246e+02 / +1.052e+02 / +8.582e+01 / +6.646e+01 / +4.709e+01 / +2.773e+01 / +8.361e+00 / -1.100e+01 / -3.037e+01
N-20-150	E, E33 (Avg: 75%) +4.979e-03 / +1.000e-04 / +1.371e-06 / -1.027e-04 / -2.041e-04 / -3.055e-04 / -4.069e-04 / -5.082e-04 / -6.096e-04 / -7.110e-04 / -8.123e-04 / -9.137e-04 / -1.015e-03 / -1.116e-03	S, S33 (Avg: 75%) +2.020e+02 / +1.826e+02 / +1.633e+02 / +1.439e+02 / +1.246e+02 / +1.052e+02 / +8.582e+01 / +6.646e+01 / +4.709e+01 / +2.773e+01 / +8.361e+00 / -1.100e+01 / -3.037e+01

由表 3-5 可以看出，各模型的基材混凝土应变云图中，以预埋吊件底部扩大端为顶点，基材混凝土模型出现明显的倒锥形破坏面，并延伸至模型表面，说明混凝土已出现倒锥形破坏面。此外，由于混凝土对预埋吊件扩底端的约束作用，预埋吊件底部受压，中部受拉，但是各模型的预埋吊件应力云图表明最大应力均为超过材料的屈服强度，说明预埋吊件未被拉断，预埋吊件扩大端上表面的混凝土也未达到极限压应力，说明未发生预埋吊件拉断破坏和拔出破坏。综上所述，所有模型均发生混凝土锥体破坏，破坏半径略大于有效埋深，如图 3-8 所示，锥体破坏面的锥角约为 40°，略大于国内外现行规范中后锚固、现浇系统发生受拉锥体破坏时规定的锥角 35°。

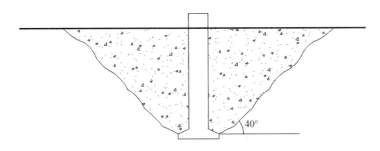

图 3-8 混凝土锥体破坏形态

Fig3.8 Concrete cone Failure pattern

3.2.3 边距对抗拉承载力的影响分析

将各模型参数和破坏位移、荷载汇总见表 3-6。

结果汇总   表 3-6

Results summary   Tab.3.6

模型编号	N-20-100	N-20-110	N-20-120	N-20-130	N-20-140	N-20-150
边距（mm）	100	110	120	130	140	150
埋深（mm）	90	90	90	90	90	90
破坏荷载（kN）	31.8	33.2	34	35.8	36.5	36.8
破坏位移	0.181	0.171	0.187	0.195	0.189	0.209

由表 3-6 可知，随着边距的增大，破坏荷载，即预埋吊件抗拉承载力随之增大，当边距增大至 140mm 后，预埋吊件的抗拉承载力的增幅趋于稳定，因此笔者判断临界边距约为 $1.5h_{ef}$，与国内外规范中的规定相同。国内外规范理论计算值和有限元分析结果的曲线都表明，边距增长初期，预埋吊件抗拉承载力随边距的增大而增长较快，最终不受边距影响。

为了增强说服力，笔者增加了两个混凝土强度分别为 C30、C40 的模型组，与 C20 模型组一样，仍保持埋深为 90mm 不变，边距从 100mm 增至 150mm，级差为 10mm，C20、C40 模型组编号沿用 C20 模型组编号原则。

对新建模型组采用 3.2.2 中的有限元分析方法，只改变 C20 模型组中的混凝土强度的本构关系，边界条件、接触方式、模型尺寸等因素保持不变。将不同边距和混凝土强度下的预埋吊件锥体破坏承载力和破坏位移汇总，见表 3-7。

	边距	100	110	120	130	140	150
C20	承载力（kN）	33.7	37	39.7	41.6	42.8	42.8
	破坏位移（mm）	0.181	0.184	0.203	0.211	0.216	0.218
C30	承载力（kN）	41.3	45.1	48.7	51.4	52.6	53.1
	破坏位移（mm）	0.245	0.25	0.254	0.259	0.264	0.268
C40	承载力（kN）	49.2	52.4	55.9	58.5	60.7	61.1
	破坏位移（mm）	0.269	0.276	0.281	0.286	0.292	0.295

抗拉承载力汇总 表 3-7
Tensile bearing capacity summary Tab.3.7

　　由表 3-7 可以看出，当混凝土强度不变时，边距越大，锥体破坏承载力越高，破坏位移也越大，临界边距介于 130 ~ 140mm 之间，为了验证有限元模拟得到的边距对扩底类预埋吊件抗拉承载力的影响趋势和临界边距，采用本书第 2.5 节中梳理的《技术规程》、《CEN/TR 15728》、《ACI318》规范中的推荐公式，计算不同边距下的锥体破坏承载力标准值，并且与有限元分析结果对比，绘制边距-承载力曲线，如图 3-9 所示。

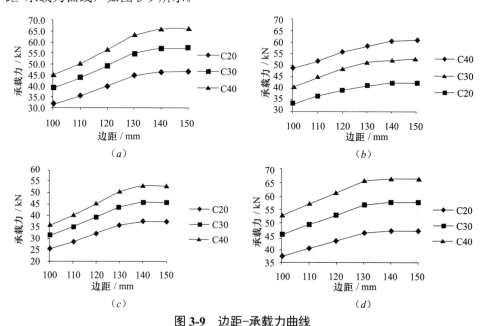

图 3-9 边距-承载力曲线

Fig3.9 Curve of edge distance-capacity

（*a*）有限元分析结果；（*b*）《ACI318》计算结果；
（*c*）《技术规程》计算结果；（*d*）《CEN/TR 15728》计算结果

由图 3-9 不难看出，国内外现行规范和有限元分析结果均表明 C20、C30、C40 三个模型组的边距-承载力曲线发展趋势一致，边距增长初期，承载力随其增大，当边距达到 130mm 后，承载力趋于稳定，临界边距介于 130 ～ 140mm 之间，即 $1.44h_{ef} \sim 1.56h_{ef}$，这与国内外规范中的临界边距值为 $1.5h_{ef}$ 一致。混凝土强度的提高在一定程度上扩大了边距对锥体破坏承载力的影响，即混凝土强度越高，边距效应明显。为了便于观察有限元分析与国内外规范计算值的对比结果，验证有限元分析结果中边距对承载力影响趋势的正确性，因此将表 3-7 中的有限元分析结果和按照国内外规范计算方法得出理论规范值对比，如图 3-10 所示。

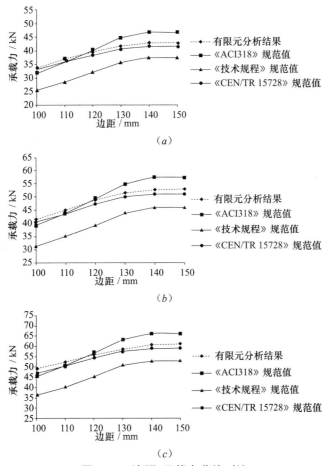

图 3-10　边距-承载力曲线对比

Fig3.10　Comparing edge distance-capacity curve

（a）C20 模型组；　（b）C30 模型组；　（c）C40 模型组

由图 3-10 可以得出如下结论:

（1）有限元分析结果和国内外规范的标准值均表明，锥体破坏承载力随边距的增大而增大，并且存在临界边距 $1.5h_{\text{ef}}$，当边距大于 $1.5h_{\text{ef}}$ 时，承载力不再增大。

（2）有限元分析结果得到的边距承载力曲线与《CEN/TR 15728》计算得到的曲线发展趋势接近，随着边距的增大，两条曲线的斜率变化一致。按《ACI318》和《技术规程》推荐公式计算得到的边距-承载力曲线斜率明显大于《CEN/TR 15728》和有限元分析得到的曲线。此外，三个模型组的有限元分析结果均表明，不同边距下，基于有限元模拟和得到的锥体破坏承载力略高于《CEN/TR 15728》推荐公式的计算结果。

（3）当材料参数和模型尺寸相同时，仅受边距影响时，扩底类预埋吊件受拉作用的有限元分析结果明显高于《技术规程》的规范计算值，原因分析为:《技术规程》主要针对后锚固施工工艺，将锚栓等锚固件植入基材混凝土之前破坏了基材的完整性，而有限元分析的预埋吊件模型是将预埋吊件预埋入混凝土中，基材混凝土对预埋吊件的约束力大于后锚固系统，因此承载力高于《技术规程》得到的理论规范值。

（4）《技术规程》、《ACI318》规范得到曲线发展趋势完全一致，原因为本书 3.1.3 中提到的在其他条件相同的情况下，后者的推荐公式计算值约是前者的 1.25 倍。此外，《ACI318》的曲线斜率大于《CEN/TR 15728》，原因为：两个规范的锥体破坏承载力计算公式表明两者的临界边距均为 $1.5h_{\text{ef}}$，但是在未达到临界边距之前，边距修正公式不同，《ACI318》在边距与 $1.5h_{\text{ef}}$ 之比的基础上修正，而《CEN/TR 15728》取边距与 $1.75h_{\text{ef}}$ 之比，减弱了边界效应，这也导致边距较小时，《CEN/TR 15728》计算值高于《ACI318》，但是《ACI318》公式的边距效应显著，所以在各模型组的极限承载力中，《ACI318》计算结果最大。

（5）无边距影响时，针对同一工况下的锥体破坏抗拉承载力，有限元分析结果与按国内外规范推荐公式计算的极限承载力有如下排序:《ACI318》规范值＞有限元分析结果＞《CEN/TR 15728》规范值＞《技术规程》规范值。

3.2.4　荷载-位移曲线分析

荷载-位移曲线是反映构件随着加载位移的变化，承载力随之变化的曲线，通过该曲线可以确定构件在受荷期间发生的破坏形态，极限位移，极限承载力等。图 3-11 为 C20、C40 模型组中若干模型在位移荷载作用下的荷载-位移曲线。

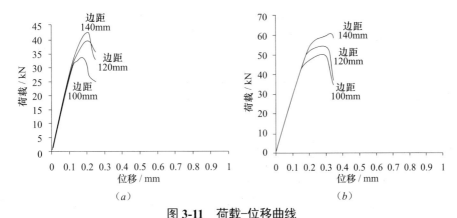

图 3-11　荷载–位移曲线

Fig3.11　Load-displacement curve

（*a*）C20 模型组；（*b*）C40 模型组

由图 3-11 可以得出以下分析

（1）在 C20、C40 两个模型组中，随着边距的增大，模型的破坏位移和破坏荷载均随之增大，这是因为增大边距相当于增大了锥体破坏面的范围，使更大面积的预埋区混凝土参与受力，进一步提高混凝土锥体破坏承载力。

（2）由两组模型的荷载位移曲线可以看出，所有模型的破坏位移都较小，最大破坏位移为 0.346mm，且所有的曲线几乎都没有塑性发展阶段，说明所有模型均发生混凝土脆性破坏，与本课题组前期研究的试验现象一致。

（3）同一混凝土强度等价下的不同边距模型，在位移加载初期，荷载-位移曲线几乎为直线段，且斜率相同，原因为混凝土强度不变，则弹性模量恒定，因此基材混凝土在发生锥体破坏前的弹性受力阶段是相同的，所以弹性段的曲线重合。此外，随着混凝土强度增大，荷载-位移曲线弹性段斜率随之增大，原因分析为混凝土强度提高，弹性模量也随之增大，并且由于混凝土自身抗拉性能极差，因此破坏前几乎是完全弹性工作阶段，所以 C40 模型组的曲线弹性段斜率大于 C20 模型组。

3.2.5　极限承载力分析

由边距对扩底类预埋吊件的影响趋势可知，存在临界边距使锥体破坏承载力不随边距的增大而无限增大，研究当扩底类预埋吊件不受边距效应影响时的极限承载力，可以为工程应用中无边距影响的工况提供依据。

有效埋深	混凝土强度	边距（mm）	N_s（kN）	N_C（kN）	N_C / N_s
HD-70	C20	100	28.31	26.6	0.940
楼板吊装原件	C20	100	36.06	31.4	0.870
HD-90	C20	100	36.85	33.1	0.896

　　由3.1.2可知，在有边距影响的条件下，国内外现行规范中，英国规范《CEN/TR 15728》计算值与试验结果最接近，同时表3-8中N_s代表试验值平均，N_C代表《CEN/TR 15728》规范计算值，不难看出，按《CEN/TR 15728》推荐公式得到的计算值略小于试验结果，平均相对误差为9.6%。由于试验数据有限，因此为了研究无边距影响时预埋吊件的极限承载力，将英国规范计算值作为媒介和准绳，将其与有限元分析结果和《ACI318》规范计算值对比，无边距影响时的混凝土锥体破坏承载力见表3-9。

混凝土强度	《ACI318》规范计算值	《CEN/TR 15728》规范计算值	有限元分析结果
C20	46.8	41.6	42.8
C30	57.3	51.1	53.1
C40	66.1	58.9	61.1

　　为了直观地说明国内外规范和有限元分析结果在无边距影响时的相互关系，取不同混凝土强度等级下的英国规范计算值为1，每个模型组中《ACI318》计算得到的极限承载力最高，《CEN/TR 15728》略小于有限元分析结果，平均误差约为3.7%，具体数据对比如图3-12所示。

　　由下图也可以看出，不同混凝土强度下，国外规范计算结果较为接近，有限元分析结果低于英国专用预埋吊件规范《CEN/TR 15728》的锥体破坏承载力标准值，说明通过有限元分析计算结果比国外规范推荐公式计算值更保守。

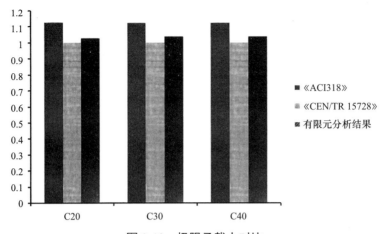

图 3-12　极限承载力对比

Fig3.12　Comparing ultimate bearing capacity

3.3　边距对抗剪承载力的影响

　　预制构件的生产、吊运离不开预埋吊件，在预制工厂和施工过程中通常会遇到小边距下的受剪作用，如图 3-13 所示。此外，国内外预埋吊件的生产厂家在产品标准中几乎不涉及预埋吊件的抗剪承载力，更不涉及复杂边界条件下承载力的折减问题。由于边距可以直接影响预埋吊件的抗剪承载力，小边距的工况也在实际应用中经常出现，因此有必要研究边距对扩底类预埋吊件抗剪承载力的影响趋势。

图 3-13　小边距受剪作用

Fig3.13　Shear load with small edge distance

基材混凝土的边距直接影响锚固系统的抗剪承载力，根据《ACI318》和《技术规程》中计算后锚固和现浇锚固系统抗剪承载力的公式可以看出，与剪力垂直方向的边距越大，则基材混凝土发生楔形体破坏的抗剪承载力越高，为了验证扩底类预埋吊件受剪承载力是否同样遵循这个规律，同时对工程应用上的复杂边距情况提供参考，作者认为有必要研究边距对扩底类预埋吊件抗剪承载力的影响趋势。有限元分析具有建模快，可重复性强等优势，很大程度上可以节省人力、物力。

3.3.1 建立模型

（1）模型尺寸

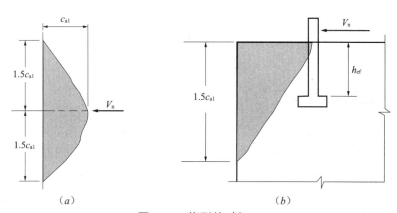

图 3-14 楔形体破坏
Fig3.14 Wedge Failure

由《ACI318》和《技术规程》中关于锚固系统承载力修正可以得到，影响承载力的因素有：基材厚度、有效埋深、垂直和平行剪力方向的两个边距、混凝土强度等。并且规范中明确规定，如果锚固系统发生混凝土楔形体破坏，楔形体的宽度约为边距的 3 倍，高度约为边距的 1.5 倍，如图 3-14 所示，其中 c_{a1} 表示边距，h_{ef} 表示有效埋深。

因此，为了研究锚固系统抗剪承载力只在边距影响下的变化趋势，以及确定临界边距的大小，笔者建立一组边距呈梯度变化的模型，预埋吊件尺寸与本书第 2 章模型尺寸一致，高度 90mm，借鉴锚栓相关研究成果，边距变化范围设定为 70～120mm，约为边距的 0.8～1.4 倍。有限元分析中的基材混凝土模型的高度应大于边距的 1.5 倍，宽度大于边距的 3 倍，这样可以保证基材厚度、与剪力平行方向的边距不影响预埋吊件抗剪承载力，因此，基材混凝土模型厚度取为

400mm，宽度取为 600mm，如图 3-15 所示。

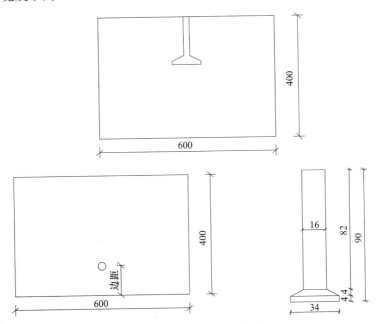

图 3-15　有限元模型示意图

Fig3.15　The finite element schematic diagram

（2）材料属性及破坏标准

预埋吊件、基材混凝土材料参数与 3.1.1 采用的模型参数一样，其中混凝土材料参数统一采用标准值。若模型单元的应力或应变超过定义的材料峰值极限，即视为材料破坏，此时的外荷载即为预埋吊件抗剪承载力。

与预埋吊件受拉模型一样，基材逐渐受到预埋吊件传递的外荷载，混凝土内部会出现一个传力和扩散应力的过程，即内部应力不是单调增长的。同时，为了使研究结果更加标准，混凝土材料参数需用标准值，而非立方体混凝土抗压强度，消除因混凝土立方体强度的离散性导致的误差。混凝土的极限应变按照《混凝土结构设计规范》GB 50010—2010 中的规定，极限拉应变为 0.0001，极限压应变为 0.0033。

1）预埋吊件剪断破坏

如果预埋吊件的应力云图显示模型局部应力超过材料屈服强度，即视为预埋吊件将发生剪断破坏，此时的承载力可以用材料截面面积与抗剪强度乘积求得。

2）混凝土楔形体破坏

如果混凝土模型出现以预埋吊件外露端为顶点的楔形体破坏面，并延伸至混凝土表面，破坏面上的应变超过混凝土的极限拉应变，说明混凝土发生楔形体破坏。

3）混凝土剪撬破坏

如果预埋吊件靠近边缘一侧的预埋区混凝土局部应力超过抗压强度标准值，则表面改区域混凝土被压碎，模型发生混凝土剪撬破坏。

（3）定义接触

考虑到预埋吊件受剪过程中与混凝土的传力途径比较复杂，笔者认为可以将预埋吊件与基材模型简化为研究钢筋的受剪性能，又因为预埋吊件在使用过程中是预埋入混凝土中，因此在进行有限元建模时定义预埋吊件与混凝土的接触为嵌入式接触，同样忽略预埋吊件与基材混凝土的粘结滑移，原因同研究边距对抗拉影响时一致。

（4）荷载和边界条件

如图 3-16 所示，基材混凝土两侧和后面设置为固定端约束，限制其发生任何的转角和位移，对预埋吊件外露端施加水平位移荷载，为了避免产生附加弯矩，使有限元分析结果失真，加载点位于预埋吊件与基材表面平齐的截面形心，剪力方向如图 3-16 中所示，通过控制水平加载位移直至模型发生破坏，最后根据应力、应变云图进一步确定模型的破坏类型，通过不同边距下的荷载位移曲线确定该预埋吊件模型的抗剪承载力，研究边距对其的影响趋势。

图 3-16　荷载和约束
Fig3.16　Load and constraints

3.3.2　有限元分析

模型基本参数Model basic parameters					表 3-10Tab.3.10	
模型编号	T-20-70	T-20-80	T-20-90	T-20-100	T-20-110	T-20-120
基材强度	C20	C20	C20	C20	C20	C20
有效埋深（mm）	90	90	90	90	90	90
边距（mm）	70	80	90	100	110	120

为了研究边距对抗剪承载力的影响趋势，同样采用有限元分析软件建立一个模型组，该模型组的每一个模型均按照3.3.1所述的模型尺寸、材料属性、荷载约束建立，模型边距由70～120mm呈梯度变化，级差为10mm，共计6个模型，模型基本参数见表3-10所示。该模型组只有边距一个变量，其他参数均保持一致，旨在研究只有边距影响下，预埋吊件抗剪承载力的变化趋势，以及确定临界边距的大概范围。按照上述建模方法和加载方案，该模型组的应力应变情况见表3-11。

模拟结果　　　　　　　　　　　　　　　表3-11

Simulation result　　　　　　　　　Tab.3.11

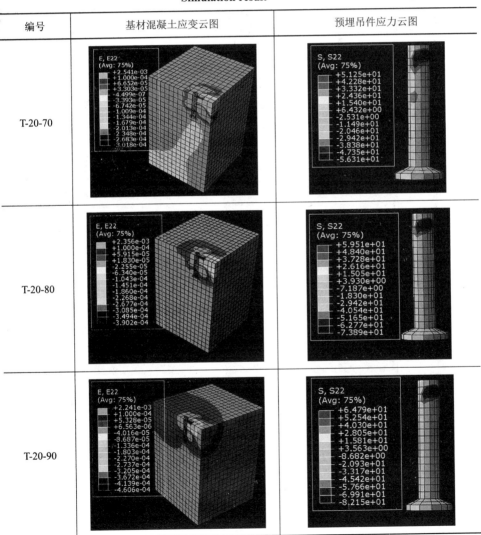

编号	基材混凝土应变云图	预埋吊件应力云图
T-20-70		
T-20-80		
T-20-90		

编号	基材混凝土应变云图	预埋吊件应力云图
T-20-100		
T-20-110		
T-20-120		

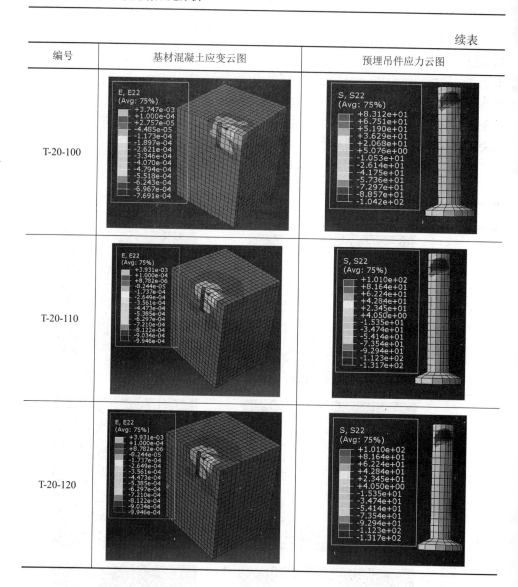

3.3.3 边距对抗剪承载力影响分析

由表 3-9 中各模型的应力、应变云图可以看出，预埋吊件钢材未达到屈服应力，预埋区混凝土未达到极限压应变，但是基材混凝土在剪力方向已达到抗拉极限应变，以预埋吊件外露端为中心有明显的楔形体破坏面，说明各模型均发生楔形体破坏。此外，各模型的基材混凝土应变云图均表明楔形体破坏面的宽度约等于边距的 2 倍，高度约等于边距。如图 3-17 所示。

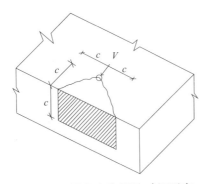

图 3-17　混凝土楔形体破坏形态

Fig3.17　Concretewedge failure pattern

通过各模型的荷载位移曲线得到各模型抗剪承载力，见表 3-12。

| | | | 数据汇总 | | | 表 3-12 |
| | | | **Data summary** | | | **Tab.3.12** |
模型编号	T-20-70	T-20-80	T-20-90	T-20-100	T-20-110	T-20-120
边距（mm）	70	80	90	100	110	120
承载力（kN）	11.6	13.6	15.7	18.2	20.6	23.2
破坏位移（mm）	0.116	0.129	0.144	0.158	0.183	0.231

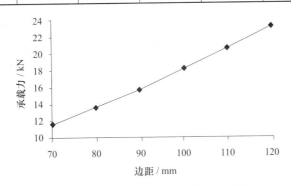

图 3-18　C20 模型组边距-承载力曲线

Fig3.18　Edge distance-capacity curve of C20 model

将 C20 模型组的边距-承载力曲线绘制于图 3-18，并结合表 3-10 不难看出，当其他条件相同时，随着边距的增大，预埋吊件的抗剪承载力、破坏位移也随之增大，且承力增幅比较稳定，增幅较高。以上分析结果表明，小边距影响下的扩底类预埋吊件在剪切荷载作用下，均发生楔形体破坏，边距越大，承载力越高，这与国内外规范中的规定一致：发生楔形体破坏的锚固系统承载力计算公式中没有设定临界边距，理论上认为楔形体破坏模式中边距对承载力的提高有明显的作用。

此外，C20 模型组中的各模型破坏位移最大值为 0.231mm，小于《混凝土机构设计规范》GB 50010—2010 中带肋钢筋-混凝土粘结滑移曲线弹性段的极限位移 $0.025d$，即 0.4mm。这也验证了建模过程中将预埋吊件与混凝土的关系设置为嵌入式接触的假设，即滑移量小，粘结应力低，对预埋吊件抗剪承载力的影响较小，可以忽略不计。

尽管 C20 模型组中各模型的混凝土材料参数均采用混凝土强度标准值，在一定程度上可以消除混凝土强度的离散性影响，但是不能说明其他强度下的混凝土也有类似边距对承载力影响趋势。因此为了提高有限元分析的可信性，本研究增加 C30、C40 两个模型组，采用与 C20 模型组相同的建模、加载方法以及破坏控制标准，主要参数见表 3-13。

主要参数

主要参数   表 3-13
Main parameter   Tab.3.13

模型编号	T-30-70	T-30-80	T-30-90	T-30-100	T-30-110	T-30-120
	T-40-70	T-40-80	T-40-90	T-40-100	T-40-110	T-40-120
有效埋深（mm）	90	90	90	90	90	90
边距（mm）	70	80	90	100	110	120

通过对两个加载模型组进行位移加载，C30、C40 的有限元分析结果与 C20 一样，模型均发生混凝土楔形体破坏，而预埋吊件本身未达到材料屈服强度。将三个模型组的承载力以及破坏位移汇总至表 3-14，随着加载位移的增大，承载力逐渐增大。

抗剪承载力汇总   表 3-14
Shear capacity summary   Tab.3.14

	边距	70	80	90	100	110	120
C20	承载力（kN）	11.6	13.6	15.7	18.2	20.6	23.2
	破坏位移（mm）	0.116	0.119	0.144	0.158	0.183	0.231
C30	承载力（kN）	13.6	16.3	18.3	21.5	24.3	26.9
	破坏位移（mm）	0.117	0.129	0.137	0.167	0.191	0.241

续表

	边距	70	80	90	100	110	120
C40	承载力（kN）	14.6	18	20.4	24	26.5	29.7
	破坏位移（mm）	0.119	0.132	0.149	0.193	0.242	0.284

由表 3-12 可知，3 个模型组的有限元模拟结果均表明，随着边距的增大，混凝土楔形体破坏承载力和破坏位移随之增大，说明利用该有限元模型模拟扩底类预埋吊件受边距影响的承载力发展趋势不受混凝土强度的影响，有效地消除了混凝土强度的影响。此外，边距相同时，混凝土强度越高，该模型的抗剪承载力越高。为了便于研究边距对扩底类预埋吊件抗剪承载力的影响趋势，汇总各模型组的边距-承载力曲线，并与国内外规范计算结果对比，验证有限元分析模拟结果的合理性，见图 3-19。

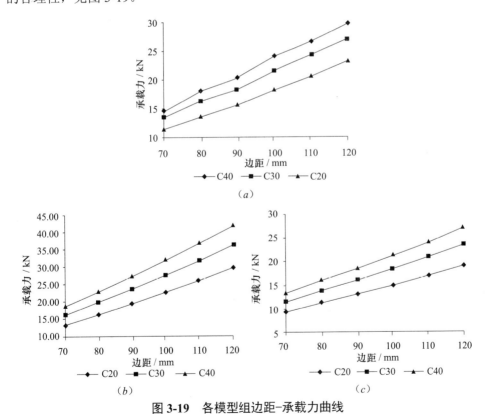

图 3-19　各模型组边距-承载力曲线

Fig3.19　Edge distance-capacity curve of every model

（a）有限元模拟结果；（b）《ACI318》规范计算值；（c）《技术规程》规范计算值

图 3-19 表明，有限元模拟结果得到的边距-承载力曲线与国内外现行规范得到的曲线发展趋势相同，混凝土楔形体破坏承载力与预埋吊件的边距呈正相关，不存在临界边距，即边距越大，基材混凝土越不易发生楔形体破坏。此外，有限元分析结果和国内外规范计算值均表明随着混凝土强度的增大，曲线斜率随之增大，说明混凝土强度的提高可以使边距对抗剪承载力的作用更加明显，即边距效应更突出。

为了验证研究所得到的边距对预埋吊件承载力影响趋势的正确性，将各模型经过有限元分析得到的计算结果与国内外规范《技术规程》和《ACI318》中的理论规范值对比，计算方法参考本书第 2.5 节，对比结果见图 3-20。

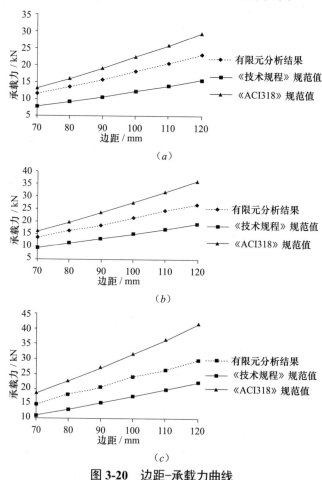

图 3-20　边距-承载力曲线

Fig3.20　Edge distance-capacity curve

（*a*）C20 模型组；（*b*）C30 模型组；（*c*）C40 模型组

通过有限元分析结果和国内外规范值的对比可以发现：

（1）同一混凝土强度等级下，有限元分析结果与国内外理论规范值的边距-承载力发展趋势相同，边距越大，楔形体破坏承载力越高，这与国内外现行相关规范中计算锚固、预埋系统抗剪承载力计算公式中没有边距修正的理论相同；

（2）混凝土强度不变时，采用《ACI318》计算得到的边距-承载力曲线斜率最大，有限元模拟得到曲线斜率次之，《技术》规程曲线最小，说明现浇工艺在一定程度上放大了边距效应，即增大边距，预埋系统的承载力比后锚固承载力增大速度更快；

（3）边距相同时，有限元分析结果高于国内规范《技术规程》的规范计算值，但是低于《ACI318》规范计算值，原因分析为《技术规程》主要针对后锚固施工工艺，而有限元分析模拟的现浇工艺没有破坏原有基材完整性，并且基材混凝土对预埋吊件有非常强的约束力，使有限元分析结果高于《技术规程》计算值。同时，《ACI318》规范的计算公式是通过大量实验数据拟合得到，混凝土强度采用试验平均值，而有限元分析结果输入的混凝土强度参数均为标准值，因此，模拟结果小于《ACI318》规范计算值。

3.3.4　荷载-位移曲线分析

为了研究混凝土发生楔形体破坏时的破坏形态，预埋系统承载力随加载位移增大的变化趋势，取 C20、C40 两个模型组各模型的荷载-位移曲线进行对比，如图 3-21 所示。

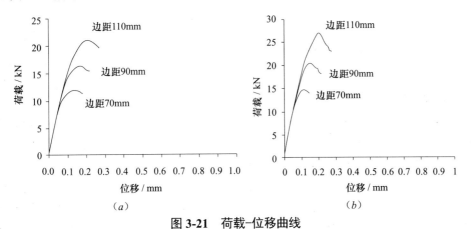

图 3-21　荷载-位移曲线

Fig3.21　Load-displacement curve

（a）C20 模型组；（b）C40 模型组

由图 3-21 可以看出，随着加载位移的增大，荷载起初呈直线上升趋势，达到峰值点后就开始下降，说明混凝土在破坏前处于弹性工作阶段。曲线没有塑性发展阶段，说明扩底类预埋吊件发生混凝土楔形体破坏同样属于脆性破坏。两个模型组的曲线均表明，混凝土强度不变时，不同边距模型的曲线弹性段斜率不变，边距越大，破坏位移和破坏荷载越大，即楔形体破坏承载力与边距呈正相关，与国内外规范承载力计算公式一致。当混凝土强度由 C20 提高到 C40，曲线的弹性段斜率提高，这是由于混凝土强度提高，弹性模量随之增大，混凝土开裂荷载增大，因此，相同位移荷载作用下，承载力有所上升，即曲线弹性段斜率增大。

3.4 本章小结

本章通过有限元分析的方法，研究边距对扩底类预埋吊件承载力影响趋势，以及临界边距值的确定。

（1）通过模拟前期试验研究，得出有限元分析结果与其相对误差稳定在 15% 左右，以此验证该有限元模拟方法的可行性与合理性。

（2）建立 C20、C30、C40 三个边呈梯度变化的模型组，研究不同混凝土强度下，边距对抗拉、抗剪承载力的影响趋势。结果表明，扩底类预埋吊件发生锥体破坏的抗拉承载力随边距增大而增大，临界边距约为 $1.5h_{ef}$，混凝土强度越大，边界效应越明显；楔形体破坏时的抗剪承载力随边距增大而增大，无临界边距，这与国内外规范中边距对锚固、预埋系统楔形体破坏承载力的影响趋势一致。

（3）其他条件相同时，对比有限元分析结果与按照《技术规程》、《ACI318》中规定的抗拉计算方法得到的边距-承载力曲线，有限元分析结果的曲线较缓，边距效应没有规范计算结果明显。边距相同时，有限元模拟得到的抗拉承载力介于《技术规程》、《ACI318》理论规范值之间，三个模型组的极限承载力接近《ACI318》计算结果。

（4）有限元模拟扩底类预埋吊件受剪作用，其边距-承载力曲线发展趋势与《技术规程》、《ACI318》的计算结果一致。边距相同时，有限元计算结果高于《技术规程》的规范计算值，低于《ACI318》规范推荐公式计算值。

（5）有限元分析结果表明扩底类预埋吊件在受拉或受剪过程中，不同边距模型的荷载-位移曲线发展趋势一样，曲线弹性段斜率较大，几乎没有塑性发展阶段，混凝土发生脆性破坏，与前期试验现象一致，此外，随着边距的增大，破坏位移随之增大。

第4章　锥体破坏承载力计算研究

专用预埋吊件起源于国外，国内常见的预埋吊件也多为国外生产厂家生产或者国内厂家仿照国外产品制作，市场上的预埋吊件，其安全系数、名义荷载值大多按照国外规范和厂家说明书制定，能否用于指导国内工程应用尚不明确。因此，有必要研究扩底类预埋吊件产品承载力与国内外规范计算值的关系。本书通过课题组前期完成的对 M 企业生产的两类共计三种扩底类预埋吊件拉拔试验数据，与国内外规范计算值相对比比值，研究国内外规范在计算锥体破坏承载力时的安全程度。

目前，现行计算预埋吊件承载力的规范，其计算公式中均为承载力与基材混凝土抗压强度标准值有关，《技术规程》、《ACI318》、《CEN/TR 15728》中的锥体破坏承载力分别与 $\sqrt{f_{ck}}$、$\sqrt{f_c'}$、$\sqrt{f_{cu,k}}$ 呈正相关，但是前期试验研究的现象与本书第 3 章有限元模拟的应变云图均表明，锥体破坏承载力与混凝土的抗拉强度有关，而随着混凝土强度等级的提高，由于混凝土抗压强度的增长速度高于抗拉强度，如采用混凝土抗压强度标准值计算预埋吊件承载力可能导致计算结果偏于不保守，因此需要对国内外锥体破坏承载力计算公式进行改进。作者对锥体破坏进行受力分析，取锥体为脱离体进行受力分析，借助已有试验数据，通过待定系数法，确定锥体破坏的理论公式中的系数。

4.1　现行规范适用性研究

预埋吊件的安全系数既是预埋吊件产品的承载力分项系数，其取值的大小直接影响其应用过程中的安全度。预埋吊件企业提供的产品手册中一般都会提供预埋吊件名义荷载，也就是预埋吊件的设计承载力，其值应为预埋吊件的实际承载力除以安全系数得到。而相关规范中的预埋吊件的承载力计算值由于是依据材料标准值计算出的结果，所以应比预埋吊件的实际承载力为低。M 企业是目前国内预埋吊件主要供应商之一，课题组前期对以其生产的 A、B、C，三种产品进行了试验研究。其中，产品 A、C 同属一个系列，有效埋深和直径不同，如图 4-1(a)所示，主要用于楼板类构件吊装，不能用于墙体构件吊装，同时不能承受剪力荷载，B 产品主要用于预制梁体吊装，如图 4-1（b）所示。产品手册中均明确规定三种产品的安全系数为2.5，即产品手册中的名义荷载乘以安全系数应为产品的实际承载力。

（a）   （b）

图4-1　M企业预埋吊件产品

Fig4.1　Inserts of enterprise M

由2.3.2可知，《技术规程》、《CEN/TR 15728》规范在计算锥体破坏承载力时，安全系数分别为3和1.5，《ACI318》则采用折减系数0.7，现规定《技术规程》、《ACI318》、《CEN/TR 15728》的推荐公式计算结果的标准值分别用 N_{JK}、N_{AK}、N_{CK} 表示，设计值分别用 N_J、N_A、N_C 表示，产品试验平均值用 N_S 表示，名义荷载用 N_0 表示，产品A、B、C的主要参数、产品承载力、规范推荐公式计算值见表4-1。

产品名义荷载与规范计算值　　　　　　　　　表4-1

Products nominal capacity and calculated value based on specifications　Tab.4.1

产品编号	有效埋深 (mm)	N_S (kN)	《技术规程》		《ACI318》		《CEN/TR 15728》	
			N_J (kN)	N_{JK} (kN)	N_A (kN)	N_{AK} (kN)	N_C (kN)	N_{CK} (kN)
A	70	28.31	24.1	8.03	30.1	21.07	26.6	17.7
B	85	36.06	25.2	8.40	31.5	22.05	28.4	18.9
C	90	36.85	25.6	8.53	32.0	22.40	33.1	22.1

由表4-1可知，针对同一个预埋吊件产品，按国内外规范推荐公式计算的标准值均低于试验平均值，即规范计算值是偏安全的，而规范计算值的冗余度直接关系到规范的适用性，计算试验平均值与规范设计值的比值，并将其与该规范中的安全系数比较见表4-2。

比较试验平均值与规范设计值　　　　　　　　表 4-2

Comparing the experimental average value and specification design value Tab.4.2

产品编号	A	B	C
N_S / N_{JK}（kN）	3.52 > 3	4.29 > 3	4.32 > 3
N_S / N_{AK}（kN）	1.34 < 1/0.7	1.64 > 1/0.7	1.65 > 1/0.7
N_S / N_{CK}（kN）	1.59 > 1.5	1.91 > 1.5	1.68 > 1.5

由表 4-2 可知：

（1）试验平均值与《技术规程》设计值的比值均大于该规范中规定的安全系数 3，这是因为该规范适用于后锚固施工工艺，承载力标准值本身就偏低，此外规范安全系数取 3，因此通过《技术规程》计算不同埋深的产品锥体破坏承载力设计值，具有很强的可靠性。

（2）采用《ACI318》计算的锥体破坏承载力设计值，均存在试验平均值与规范设计值的比值小于规范规定安全系数现象，即设计值存在不保守的可能。采用《CEN/TR 15728》计算锥体破坏承载力，试验平均值与《CEN/TR 15728》设计值的比值均大于该规范安全系数 1.5，因此《CEN/TR 15728》这一预埋吊件专用规范在计算预埋吊件锥体破坏承载力时，其设计值可以满足安全系数的要求。

经过对比不难发现，国内外规范的保守程度不同，《技术规程》计算同一预埋吊件的保守程度最高，试验平均值与国内外现行规范设计值的比值不尽相同，随着有效埋深的增大，该比值有逐渐增大的趋势。综上所述，现行规范中《CEN/TR 15728》的设计值可以满足其要求的安全系数。

4.2　锥体破坏承载力设计建议

预埋吊件的设计承载力与其安全应用密不可分，目前国内规范《混凝土结构后锚固技术规程》和美国规范《ACI318》以及英国规范《CEN/TR 15728》中推荐的承载力计算公式，均属于安全系数计算法，即将所有承载力变量通过数据拟合得到计算公式后，再除以安全系数后作为承载力设计值，此方法引入一个靠经验选取的安全系数得到承载力设计值，过程比较粗糙，缺乏合理性说明。而我国工程设计领域内通常采用以概率论和数理统计为基础的可靠性设计方法，即以达到预定可靠度为设计目标，可以通过设计结果计算失效概率，更具合理性。

通过 2.3.1 中对国内外现行规范中承载力推荐公式的梳理可知,《技术规程》、《ACI318》、《CEN/TR 15728》关于预埋吊件拉断破坏的承载力计算公式相近,而混凝土锥体破坏承载力计算公式不尽相同。此外,三个规范在计算锥体破坏承载力时均采用基准值乘以各影响因素的修正系数,承载力计算结果不同部分原因为基础值计算公式不同,见表 4-3。

锥体破坏基准值计算公式

Baseline values calculated formula of conical failure

表 4-3 Tab.4.3

国内外规范	锥体破坏承载力基准值计算公式
《ACI318》	$N_{b} = k_{1}\sqrt{f_{c}^{'}}h_{ef}^{1.5}$ 其中,$k_{1} = 10$
《技术规程》	$N_{Rk,c}^{0} = k_{2}\sqrt{f_{cu,k}}h_{ef}^{1.5}$ 其中,$k_{2} = 9.8$
《CEN/TR 15728》	$N_{RK} = k_{3} \cdot l_{a}^{1.7}\sqrt{f_{ck}}$ 其中,$k_{3} = 6.1$

包括英国规范《CEN/TR 15728》在内,国内外规范的推荐承载力计算公式中均引用混凝土抗压强度,作为混凝土强度控制参数,然而预制构件在吊运过程中,除了预制构件发生断裂破坏外,其他破坏形态均是混凝土受拉破坏,此外,随着混凝土强度的增大,f_{ck} 增长速度高于抗拉强度标准值 f_{tk},当预制构件采用高强度混凝土浇筑时,采用国内外现行规范推荐公式计算的预埋吊件承载力偏高。因此,混凝土强度控制参数应取 f_{tk},而不是 f_{ck}。

为了使混凝土锥体破坏承载力的计算公式更符合国内常用的可靠性设计法,本书提出两类混凝土锥体破坏承载力设计方法。

第一类,在国内外现行规范混凝土锥体破坏推荐公式的基础上进行改进,即将表 4-3 中的 $f_{c}^{'}$、$f_{cu,k}$、f_{ck} 改为 f_{tk},并且重新计算表中的 k_{1}、k_{2}、k_{3},分别改为 $k_{1}^{'}$、$k_{2}^{'}$、$k_{3}^{'}$。

第二类,由于混凝土锥体破坏形式与混凝土局部冲切破坏相似,故可以根据锥体破坏形态简化极限平衡体,并提出合理的基本假定,通过平衡方程推导锥体破坏理论公式。

4.2.1 改进规范公式

由表 4-3 可知,现行规范在计算锥体破坏承载时的基准值计算公式原理基本相同,因且改进方法也一样,本书以英国规范《CEN/TR 15728》为例,对其基准值公式进行改进,并将改进后公式与现行规范《ACI318》、《CEN/TR 15728》基准值公式的计算结果对比,验证改进公式的合理性。

64

英国规范《CEN/TR 15728》中混凝土锥体破坏承载力的基准值公式为：

$$N_{RK} = k_3 \cdot l_a^{1.7} \cdot \sqrt{f_{ck}} \qquad (4\text{-}1)$$

将式（4-1）改进为

$$N_{RK}' = k_3' \cdot l_a^{1.7} \cdot \sqrt{f_{tk}} \qquad (4\text{-}2)$$

将不同混凝土强度的 f_{ck} 代入式（4-1），得到基准值承载力 N_{RK}，再代入式（4-2），确定 k_3'，见表4-4。

计算原有公式基准值 N_{RK} 及 k_3'　　　　　　　　　表 4-4

Calculating k_3' and original formula baseline valuesN_{RK}　　　Tab.4.4

混凝土强度	C20	C30	C40	C50	C60	C70	C80
N_{RK}（kN）	41.6	51.0	58.8	64.7	70.6	75.9	80.6
k_3'	16.0	17.1	18.1	19.0	19.9	20.9	21.8

取 $k_3' = 16$，代入式（4-2）计算公式改进后的基准值，见表4-5。

计算改进公式基准值 N_{RK}'　　　　　　　　　　表 4-5

Calculating improved formula baseline valuesN_{RK}'　　　Tab.4.5

混凝土强度	C20	C30	C40	C50	C60	C70	C80
N_{RK}'（kN）	41.6	47.6	51.9	54.5	56.6	58.1	59.2

改进后的基准值公式为：

$$N_{RK}' = 16 \cdot l_a^{1.7} \cdot \sqrt{f_{tk}} \qquad (4\text{-}3)$$

为了直观地表述《CEN/TR 15728》中混凝土锥体破坏承载力的基准值公式改进前后的区别，比较不同混凝土强度下《CEN/TR 15728》基准值公式改进前后，以及按《技术规程》、《ACI318》推荐公式计算得到的基准值-混凝土强度曲线。如图4-2所示。

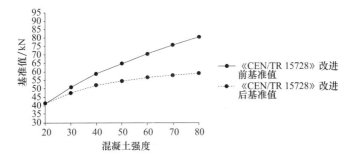

图 4-2　规范公式改进前、后的基准值-强度曲线

Fig4.2　Baseline values-strength curve of specification formula improving before and after

由上图可知，随着混凝土强度的增大，现行规范锥体破坏承载力的基准值逐渐增大，曲线的斜率较大，《CEN/TR 15728》基准值计算公式改进后，曲线发展逐渐变缓，混凝土强度越高，公式改进后的锥体破坏承载力基准值降低幅度越大，这是因为随着混凝土强度的增大，f_{tk} 的增幅小于 f'_c、f_{ck}、$f_{cu,k}$，由于锥体破坏承载力取决于混凝土的抗拉性能，因此改进公式的意义在于建立锥体破坏承载力基准值与混凝土抗拉强度的关系，改进后的公式可以解决混凝土强度较高时，原有推荐公式计算值偏高的问题。

4.2.2　推导理论公式

《技术规程》、《ACI318》、《CEN/TR 15728》规范在计算锥体破坏承载力时存在结果偏向不保守的隐患，因此不能直接使用国内外锚固、预埋系统的规范指导扩底类预埋吊件在国内的工程应用。此外，锥体破坏形态与混凝土受冲切作用破坏形态相似，但是不能按照《混凝土结构设计规范》GB 50010—2010 中的局部冲切公式计算锥体破坏承载力，原因为：冲切破坏的脱离体不是严格意义上的锥体，其顶部存在受压区，承载力在很大程度上取决于受压区混凝土面积和底部抗弯钢筋强度，如图 4-3（a）所示，而锥体破坏承载力主要取决于锥面上混凝土的抗拉强度，与抗弯钢筋的配筋率无关，如图 4-3（b）所示。

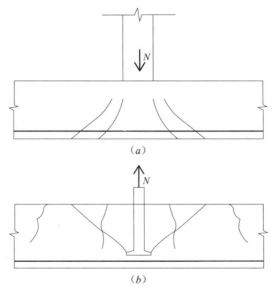

图 4-3　冲切破坏与锥体破坏对比

Fig4.3　Comparing the punching shear and cone failure

综上所述，国内外现行规范在计算扩底类预埋吊件锥体破坏承载力时存在偏不保守或计算原理不适用的问题，因此本书研究锥体破坏的理论计算公式，为后期研究和工程应用提供参考。

（1）锥体破坏机理

对扩底类预埋吊件拉拔试验及有限元分析结果表明，模型和试件均发生混凝土锥体破坏，试验得出锥角约 30°，有限元模拟的应力云图表明锥角约 40°，《ACI318》、《技术规程》、《CEN/TR 15728》均规定锥角为 35°，因此，取极限平衡体的锥角为 35°，如图 4-4 所示。通过对锥体破坏面的受力分析发现，混凝土锥体破坏主要是由于锥面上的抗力不足以抵抗外荷载造成，因此推导极限平衡体的理论承载力的前提需要确定锥面上的正应力分布情况。扩底类预埋吊件拉拔试验[19]现象表明锥体破坏始于内部，裂缝贯通形成锥面后，试件发生锥体破坏，此外有限元模拟的应力云图变化趋势也可以表明锥面破坏始于锥顶，锥顶周围混凝土正应力从零增大到极限抗拉强度后，峰值应力沿锥面向混凝土表面转移，在该过程中，锥面抗力不足以抵抗外部荷载，导致基材发生锥体破坏。

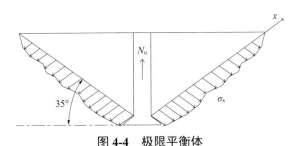

图 4-4　极限平衡体

Fig4.4　Limit equilibrium body

（2）基本假定

混凝土发生锥体破坏始于锥顶，则预埋吊件受荷初期锥面上的峰值拉应力应该在锥顶周围，由于混凝土从受拉开始到破会结束始终几乎全程处于弹性阶段，因此可以假定锥面在受荷初期，从锥顶到基材表面的应力呈线性分布，如图 4-5（a）所示。其次，根据全截面塑性假定，已达到受拉极限的混凝土处于塑性阶段，峰值应力沿锥面向基材表面延伸，如图 4-5（b）所示。由锥体破坏机理可知，在此过程中基材混凝土发生锥体破坏，假设峰值应力自锥顶延伸至基材表面时发生锥体破坏，即整个锥面全部达到混凝土抗拉极限，如图 4-5（c）所示，由于该假定下的承载力明显高于实际承载力，因此需要设定折减系数 k，通过试验数据确定 k 值。

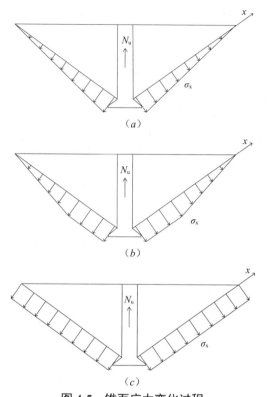

图 4-5　锥面应力变化过程

Fig4.5　Stress changing processes on the face of cone

（3）推导理论公式

对锥体破坏面受力分析，取$\sum Y = 0$，则有如下关系：

$$N_u = \sigma \cdot A \cdot \cos\alpha = k \cdot N_s \qquad (4\text{-}4)$$

式中，A 表示锥面面积，σ 表示混凝土拉应力，当发生混凝土锥体破坏时取为混凝土抗拉强度标准值 f_{tk}，α 表示锥角，k 为待定系数，N_s 表示试验平均值，取 $\alpha = 35°$，$\sigma = f_{tk}$，代入前期试验中的相关参数，通过待定系数法，确定未知参数 k，见表 4-6。

待定系数 k　　　　　　　　　　　　　　　　　　　　表 4-6

Undetermined factor k　　　　　　　　　　　　　　**Tab.4.6**

有效埋深	混凝土强度	边距（mm）	试验值平均 N_s（kN）	N_u（kN）	待定系数 k
70	C20	100	28.31	48.44	0.58
80	C20	100	36.06	60.5	0.6

续表

有效埋深	混凝土强度	边距（mm）	试验值平均 N_S（kN）	N_u（kN）	待定系数 k
90	C20	100	36.85	66.12	0.56
140	C20	无边距影响	109.98	194.8	0.56

通过上表可以看出，当边距、埋深发生变化时，式（4-4）计算结果与试验平均值的比值比较稳定，为了确保推导公式计算结果低于试验平均值，因此取待定系数 $k = 0.5$。因此，极限平衡体的平衡方程为

$$N_u = 0.5 \cdot f_{tk} \cdot A \cdot \cos \alpha \qquad (4-5)$$

（4）理论公式验证

由表 3-8 可知，英国规范《CEN/TR 15728》的计算结果 N_C 与试验平均值 N_S 最接近，平均相对误差约为 9%，因此可以通过对比式（4-5）的计算结果与 N_C，验证该公式的有效性与合理性。

首先验证无边距影响时，不同混凝土强度下的式（4-5）计算结果 N_u 与 N_C 是否接近，即验证公式对混凝土强度的敏感性，见表 4-7。

不同混凝土强度下的计算结果对比　　　　　　　表 4-7

Comparing the calculated result with different concrete strength　　Tab.4.7

混凝土强度	C20	C30	C40	C50	C60	C70	C80
N_C（kN）	41.6	51	58.8	64.7	70.6	75.9	80.6
N_u（kN）	40.1	52.4	62.3	68.7	74.1	77.7	80.9

从表 4-7 可以看出，不同混凝土强度下，推导公式和英国规范的计算值比较接近，随着混凝土强度的提高，相对误差先增大后减小，当混凝土强度为 C40 ～ C60 时，相对误差最大，约为 6%，为了直观地观察两者随混凝土强度变化的差值，应该对比不同强度下的 N_u 与 N_C 曲线，如图 4-6 所示。

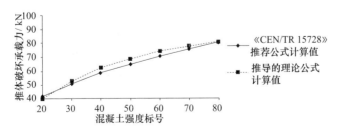

图 4-6　推导公式与《CEN/TR 15728》计算结果对比

Fig4.6　Comparing the calculation results fromderivation formula and CEN/TR 15728

由上图可知，不同混凝土强度下，《CEN/TR 15728》计算结果均高于推导公式计算值。随着混凝强度的提高，推导公式的曲线增幅逐渐减小，曲线比较平缓，这是因为推导公式中采用混凝土抗拉强度标准值，而应该规范采用抗压强度标准值，后者随着混凝土强度的提高，其增幅高于前者，因此推导公式的曲线较平缓。由于锥体破坏主要是锥面上的抗拉力度不足以抵抗外部荷载造成的，所以推导公式采用混凝土抗拉强度标准值更合理，这也是 4.2.1 中改进国内外规范推荐公式中混凝土强度参数的原因。其次，边距变化会导致锥体破坏面的变化，因此需要验证当边距发生变化时，推导式（4-5）计算结果的准确性，计算不同边距下的 N_u 与 N_C 值，见表4-8。

数据汇总　　　　　　　　　　　　　　表4-8

Data summary　　　　　　　　　　　**Tab.4.8**

计算方法	混凝土强度	边距（mm）					
		100	110	120	130	140	150
《CEN/TR 15728》推荐公式计算结果 N_C（kN）	C20	33.1	35.8	38.4	41	41.6	41.6
	C30	40.5	43.9	47.0	50.2	51.0	51.0
	C40	46.8	50.6	54.3	58.0	58.8	58.8
推导公式计算结果 N_u（kN）	C20	32.5	35.0	37.5	40.1	40.1	40.1
	C30	42.4	45.7	48.9	52.3	52.3	52.3
	C40	52.6	56.8	60.9	62.2	62.2	62.2

为了比较边距对 N_u 与 N_C 的影响作用，将不同边距下，两者的变化趋势绘成曲线，如图4-7所示。

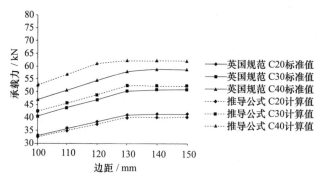

图4-7　推导公式与《CEN/TR 15728》的边距-承载力曲线

Fig4.7　Edge distance—capacity curve of derivation formula and CEN/TR 15728

由上图可知，随着边距的增大，N_u 与 N_C 均随之增大，两者的边距-承载力曲线发展趋势一致，即增幅接近。此外，两个曲线均表明临界边距介于 130 ～ 140mm 之间，即 1.5 倍有效埋深，与《技术规程》、《ACI318》中的规定保持一致，当边距相同时，推导公式计算结果高于按英国规范计算得到的承载力标准值，随着混凝土强度的提高，推导公式计算值的增幅逐渐大于英国规范标准值增幅，与图 4-6 结果保持一致。

4.3　本章小结

本章研究内容主要包括现行规范适用性研究和锥体破坏承载力设计建议两方面。

以 M 企业生产的两个系列共计三种扩底类预埋吊件产品为例，比较课题组前期试验研究得到的产品试验平均值与国内外现行规范设计值，前者与后者的比值结果表明《技术规程》虽然只适用于后锚固设计方法，但是采用《技术规程》扩底类预埋吊件锥体破坏承载力设计值符合该规范安全系数为 3 的要求。国外规范《ACI318》规范中规定了现浇工艺下的承载力计算方法，《CEN/TR 15728》是适用于专用预埋吊件的设计规范，但是试验平均值与两个规范设计值的比值均存在小于规范自身安全系数的现象，说明采用这两个规范计算产品承载力设计值时存在偏不保守的可能。

对于混凝土锥体破坏，国内外规范计算公式各不相同，计算公式中均采用混凝土抗压参数，锥体破坏是混凝土受拉破坏，此外，随着混凝土强度的提高，混凝土抗压强度增长速度高于抗拉强度的增长速度。因此应将现行规范中的混凝土抗压参数改为抗拉参数，解决原有公式计算高强度混凝土时，计算结果偏大的问题。由于英国规范计算结果与试验平均值最接近，且是专用预埋吊件设计规范，本研究以《CEN/TR 15728》为例，对其混凝土锥体破坏承载力基准值计算公式进行改进，改进后的公式为 $N'_{RK} = 16 \cdot l_a^{1.7} \cdot \sqrt{f_{tk}}$。

最后，本研究以混凝土锥体为极限平衡体，通过平衡方程和相关基本假定，推导出锥体破坏承载力理论计算公式，并与英国规范计算值对比，结果表明，不同混凝土强度下，两者的最大相对误差约为 6%。计算不同边距下的理论公式计算值 N_u 与英国规范计算值 N_C，两者的边距-承载力曲线发展趋势相同，承载力随边距的增大而增大，推导公式的临界边距约为 1.5 倍有效埋深，与国内外现行规范中的规定一致。

第 5 章　结论与展望

5.1　结论

本书通过 ABAQUS 有限元分析软件，模拟扩底类预埋吊件受边距影响下的抗剪、抗拉承载力发展趋势，研究国内外锚固和预埋系统抗拉、抗剪承载力的计算方法，比较其同异，并将有限元分析与国内外相关规范计算结果对比，最后以某预埋吊件产品为载体，进行安全系数研究，改进并推导锥体破坏承载力计算公式，得出主要结论如下：

（1）《技术规程》、《ACI318》、《CEN/TR 15728》规定了锚固、预埋系统受拉破坏形式：锥体破坏，拉断破坏，劈裂破坏，两部国外规范还包括混凝土侧向破坏。《技术规程》、《ACI318》规定锚固、预埋系统受剪破坏形式：剪断破坏、剪撬破坏、楔形体破坏。在相同的工况下，《ACI318》计算的混凝土锥体破坏时抗拉承载力是《技术规程》的 1.6 倍，三个规范规定锥体破坏的临界边距均为 1.5 倍有效埋深。

（2）利用有限元分析模拟扩底类预埋吊件在有边距影响下的抗拉承载力与试验平均值的相对误差稳定在 9% 左右，因此可以用该有限元分析模型研究边距对扩底类预埋吊件抗拉承载力的影响趋势。

（3）有限元模拟边距对扩底类预埋吊件影响趋势的研究结果表明，模型均发生混凝土锥体破坏，与试验结果一致。随着边距的增大，锥体破坏抗拉承载力随之增大，当边距达到 $1.5h_{ef}$（h_{ef} 表示有效埋深）后，承载力趋于稳定，临界边距约为 $1.5h_{ef}$，与国内外规范中的规定一致。有限元分析得到的边距-承载力曲线缓于国内外规范的曲线。在无边距影响下，有限元模拟结果与国内外规范的计算的锥体破坏抗拉承载力大小排序为：《ACI318》规范值＞有限元分析结果＞《CEN/TR 15728》规范值＞《技术规程》规范值。

（4）有限元模拟边距对扩底类预埋吊件影响趋势的研究结果表明，模型均发生楔形体破坏，抗剪承载力随边距的增大而增大，与国内外规范计算得到的边距-承载力曲线发展趋势一致。相同工况下，有限元分析结果高于《技术规程》的规范计算值，低于《ACI318》规范计算值。

（5）以 M 企业的 3 个不同类型预埋吊件为载体，产品承载力与按国内外规范推荐公式计算的承载力比值表明，按照现行规范计算的承载力可能达不到产品手册中规定的安全系数 2.5，随着扩底类预埋吊件有效埋深的增加，该比值逐渐增大，说明规范计算值逐渐偏向保守。

（6）现行国内外规范锥体破坏基准值计算公式中，混凝土强度参数由抗压强度相关参数改为抗拉强度标准值后，随着混凝土强度的提高，承载力增幅减小，可以解决现行规范计算高强度混凝土时承载力偏高的问题。

（7）国内外现行规范中，只有《CEN/TR 15278》锥体破坏承载力计算公式的结果与试验平均值接近，相对误差在 ±9% 以内，本书通过对锥体破坏面受力分析推导出锥体破坏承载力公式，其计算结果与《CEN/TR 15278》接近，当混凝土强度小于 C40 或大于 C60 时，推导公式计算结果与《CEN/TR 15278》接近，当混凝土强度为 C40～C60 时，最大相对误差约为 6% 左右。其他条件相同时，推导公式与《CEN/TR 15278》的计算结果都随边距的增大而增大，临界边距约为 1.5 倍有效埋深，与其他规范中规定一致。

5.2　展望

预埋吊件的种类繁多，承载力影响因素复杂，预埋吊件在预制构件的生产、吊运过程中受力状态也不尽相同，综合预埋吊件的研究现状，笔者建议从以下几个方面继续开展预埋吊件的相关研究。

（1）其他种类预埋吊件

本书只研究了扩底类预埋吊件受边距影响下的承载力变化趋势及破坏形态，后期的研究可以涉及钢筋焊接类、扁钢类预埋吊件，及其不同破坏形态下的承载力计算公式等。

（2）其他影响因素

本书只涉及边距这一内部影响因素，建议从预制构件厚度、混凝土强度、预埋吊件直径、有效埋深等内因，以及扩展角、模板粘结力、动力系数等外因方面开展相关研究，进一步探索这些影响因素对承载力的影响趋势。

（3）拉剪耦合作用

由于扩展角的存在，致使预埋吊件在实际应用过程中必然受到拉剪耦合作用，而本书在有限元模拟过程中将预埋吊件受拉、受剪承载力分开研究，因此建议后期研究预埋吊件在复杂边界条件下的拉剪耦合承载力。

（4）群埋效应

预制构件自重较大时，比如大跨桥梁，屋面板，多点起吊已不能满足单个预埋吊件的安全系数问题，因此需要在指定预埋区域设置多个预埋吊件共同承担该区域的承载力，因此有必要研究该类工况下群埋效应对承载力的影响。

（5）基材配筋与特殊加固

预制构件往往是配筋混凝土，而本书研究的扩底类预埋吊件抗拉、抗剪承载力的基材是素混凝土，因此应该开展不同配筋工况下预埋吊件承载力的相关研究。此外，对于复杂边界条件下，对预埋吊件做特殊加固处理，如小边距工况下配置斜向箍筋防止发生混凝土边缘破坏。

（6）多因素综合作用下的承载力折减

预埋吊件在使用过程中，通常会同时遇到复杂边界条件，如小边距、浅埋深、小间距等多因素综合作用，承载力势必受到折减，因此有必要研究多因素综合作用下的承载力折减影响，为工程应用提供依据。

参考文献

[1] 蒋勤俭 . 混凝土预制构件行业发展与定位问题的思考 . 2011.

[2] 郭正兴 , 董年才 , 朱张峰 . 房屋建筑装配式混凝土结构建造技术新进展 [J]. 施工技术 , 2011, 40(11): 1-4.

[3] 龚志宏 . 预制构件在住宅产业化中的应用及设计方法 . 广州 : 华南理工大学 . 2010.

[4] 蒋勤俭 . 国内外装配式混凝土建筑发展综述 [J]. 建筑技术 , 2010, 12: 1074-1077.

[5] 齐宝库 , 张阳 . 装配式建筑发展瓶颈与对策研究 [J]. 沈阳建筑大学学报 (社会科学版), 2015, 02: 156-159

[6] 郭正兴 , 董年才 , 朱张峰 . 房屋建筑装配式混凝土结构建造技术新进展 [J]. 施工技术 , 2011, 40(11): 1-4.

[7] 王慧英 . 预制混凝土工业化住宅结构体系研究 [D]. 广州大学硕士论文 , 2007: 7-13.

[8] 龚志宏 . 预制构件在住宅产业化中的应用及设计方法 . 广州 : 华南理工大学 . 2010.

[9] 张鹏 , 迟锴 . 工具式吊装系统在装配式预制构件安装中的应用 [J]. 施工技术 , 2012, 10: 79-82.

[10] 中华人民共和国行业标准 . 装配式混凝土结构技术规程 JGJ 1—2014[S]. 北京 : 中国建筑工业出版社 , 2014.

[11] 赵勇 , 王晓锋 . 预制混凝土构件吊装方式与施工验算 [J]. 住宅产业 , 2013, Z1: 60-63.

[12] 徐雨濛 . 我国装配式建筑的可持续性发展研究 [D]. 武汉工程大学 , 2015.

[13] 中华人民共和国行业标准 . 混凝土结构后锚固技术规程 JGJ 145—2013[S]. 北京 : 中国建筑工业出版社 , 2013.

[14] ACI 318R-05: Building Code Requirement for Structural Concrete and Commentary, 2005.

[15] 周彬 , 吕西林 , 任晓崧 . 既有砌体结构墙体植筋拉拔性能的理论分析与试验研究 [J]. 建筑结构学报 , 2012, 11: 132-141.

[16] 周军 . 高温条件下大直径后置锚栓抗拔特性 [J]. 工业建筑 , 2013, S1: 512-515+490.

[17] 徐印代 . 浅谈建筑幕墙预埋件设计 [J]. 施工技术 , 2010, S1: 558-561.

[18] 张建荣 , 李小敏 , 艾永江 , 郑晓芬 , 陈东昌 . 不同植筋胶的黏结性能比较试验研究 [J]. 结构工程师 , 2015, 05: 135-140.

[19] 周萌 . 混凝土结构化学锚栓群锚抗拉性能研究 [D]. 华中科技大学 , 2012.

[20] 潘永强 . 混凝土结构化学植筋群锚效应研究 [D]. 扬州大学 , 2007.

[21] 苏磊, 李杰, 陆洲导. 受剪状态下化学锚栓群锚系统承载力 [J]. 哈尔滨工业大学学报, 2010, 04: 612-616.

[22] 郑巧灵. 锚栓受剪性能试验研究 [D]. 重庆大学, 2013.

[23] 王企阳. 化学胶后锚固粘结植筋的数值模拟研究 [D]. 同济大学, 2007.

[24] 刘佰平. 小间距下化学锚栓承载力影响因素分析 [D]. 武汉科技大学, 2013.

[25] 孙振. 预埋吊件的拉拔力学性能试验研究 [D]. 沈阳建筑大学, 2015.

[26] ETAG001-Part5: Guideline for European Technical Approval Of Metal Anchors for Use in Concrete, 2008.

[27] ETAG001-Annex A: Guideline for European Technical Approval Of Metal Anchors for Use in Concrete, 1997.

[28] ETAG001-AnnexC: Guidelinefor European Technical Approval Of Metal Anchors for Use in Concrete, 1997.

[29] ACI 355. 2-04: Qualification of Post-Installed Mechanical Anchors in Concrete, 2008.

[30] AC308: Acceptance Criteria for Post-Installed Adhesive Anchors in Concrete Elements, 2009.

[31] AC193: Acceptance Criteria for Mechanical Anchors in Concrete Elements, 2010.

[32] Dieter Lotze, Richard E Klingner. Static Behavior of Anchors under Combinations of Tension and Shear Loading. ACI Structural Journal, 2001, 7-8: 525-536.

[33] N Subramanian. Recent Developments in the Design of Anchor Bolts. The Indian Concrete Journal, 2000, 7: 407-414.

[34] H. Wiewel. Design Guidelines for Anchorage to Concrete, sp 130-1. ACI committee 355, Anchors in Concrete-Design and Behavior: 1-18.

[35] Nguyen. N. T, Oehlers. D. J, Bradford. M. A. An analytical model for reinforced concrete beam with bolted side plates accounting for longitudinal and transverse partial interaction[J]. International Journal of Solids and Structures 2001, 38: 6985-6996.

[36] Ahmed. M, Oehlers. D. J, Bradford. M. A. Retrofitting reinforced concrete beams by bolting steelplate to their side. part 1: Behaviors and experimental work[J]. Structural Engineering andMechanics 2000, 10(3): 211-226.

[37] Oehlers. D. J, Amhed. M, Bradford. M. A, Nguyen. N. T. Retrofittingreinforced concrete beamby bolting steel plate to their side. part 2: Transverse interaction and rigid plastic design[J]. Structural Engineering andMechanics 2000, 10(3): 227-24.

[38] Tamon Ueda, BoonchaiStitmannaithum. Experimental Investigation on Shear Strength of Bolt Anchorage Group. ACI Structural Journal, 1991, 5-6: 292-300.

[39] Rolf Eligehausen, Rainer Mallee, John F Silva. Anchorage in Concrete Construction[M]. Berlin: Emst & Sohn, 2006.

[40] Nam Ho Lee, Kwang Ryeon Park, Yong Pyo Suh. Shear behavior of headed anchors with large diameters and deep embedments in concrete[J]. Nuclear Engineering and Design, 2010.

[41] Eligehausen, R. (1991). Lateral Blouout Failure of Headed Studs Near the Free Edge. In: Senkiw, G. A. ; Lance-lot, H. B. , SP-130 Design an Behavior. American Concrete Institute, Detroit, page 235 - 252.

[42] Rah, K. K. 2005. Numerical study of the pull-out behavior ofheaded anchors in different materials under static and dynamic loading conditions. Master thesis, Institute for Construction materials, University of Stuttgart, Germany.

[43] Lee, N. H. , Kim, K. S. , Bang, C. J. & Park, K. R. 2006. Tensileanchors with large diameter and embedment depth in concrete. Submitted to ACI Structural and Materials Journals .

[44] VDI/BV-BS 6205, Lifting Auchor und Lifting Anchor Systems for concrete components, 2012.

[45] CEN/TR 15728 'Design and Use of Inserts for Lifting and Handling', Technical Report, CEN, Brussels, May 2008.

[46] G. Periškić, J. Ožbolt & R. Eligehausen, 3D Finite Element Analysis of Stud Anchors with Large Head and Embedment Depth[J]. Proceedings of the 6th International Conference on Fracture Mechanics of Concrete and Concrete Structures, v2, 761-767, 2007.

[47] J. Hofmann, R. Eligehausen& J. Ozbolt, Behavior and Design of Fastenings with Headed Anchors at the Edge under Tension and Shear LoadFracture[J] . Mechanics of Concrete Structures, de Borst et al (eds), 2001 Swets&Zeitlinger, Lisse, ISBN 9026518250.

[48] Langenfeld-Richrath. Inserts for LiftingandHandlingofPrecast elements-where are the European Codes A State of the Art, Halfen GmbH, 2012.

[49] Machinery Directive 2006/42/EC, Directive 2006/42/EC of the European Parliamentand of the Council of 17 May 2006 on machinery, and amending Directive 95/16/EC(recast), Official Journal of the European Union, Brussels, 2006.

[50] BGR 106: Sicherheitsregeln für Transportanker und –systeme von Betonfertigteilen, (Safety Regulations for the Testing and Certification of Lifting Anchor Systems for theLifting of Precast Concrete Elements)Ausgabe April 1992, Hauptverbanddergewerblichen Berufsgenossenschaften Fachausschuß "Bau", Sankt Augustin, 1992.

[51] Grundsätze für die Prüfung und Zertifizierung von Transportankersystemen zumTransport von Betonfertigteilen. (Basic Principles for the Testing and Certification ofLifting Anchor Systems for the Lifting of Precast Concrete Elements)Ausgabe10. 2006, Hauptverbanddergewerblichen Berufsgenossenschaften Fachausschuß "Bau", SanktAugustin, 2006.

[52] 石亦平, 周玉蓉. ABAQUS 有限元分析实例详解 [M]. 北京 : 机械工业出版社 , 2006: 1-4.

[53] 任晓丹, 李杰 . 混凝土损伤与塑性变形计算 [J]. 建筑结构 , 2015, 02: 29-31+74.

[54] 中华人民共和国国家标准 . 混凝土结构设计规范 GB 50010—2010[S]. 北京 : 中国建筑工业出版社 , 2010.